HOW IT WORKS

最先端ビジュアル百科

「モノ」の仕組み図鑑 6

航空機

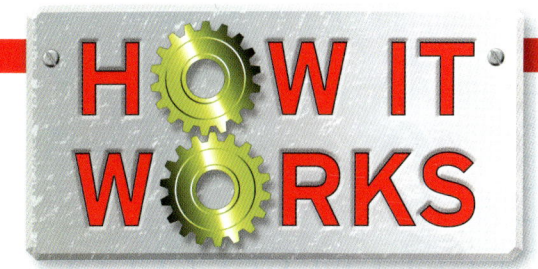

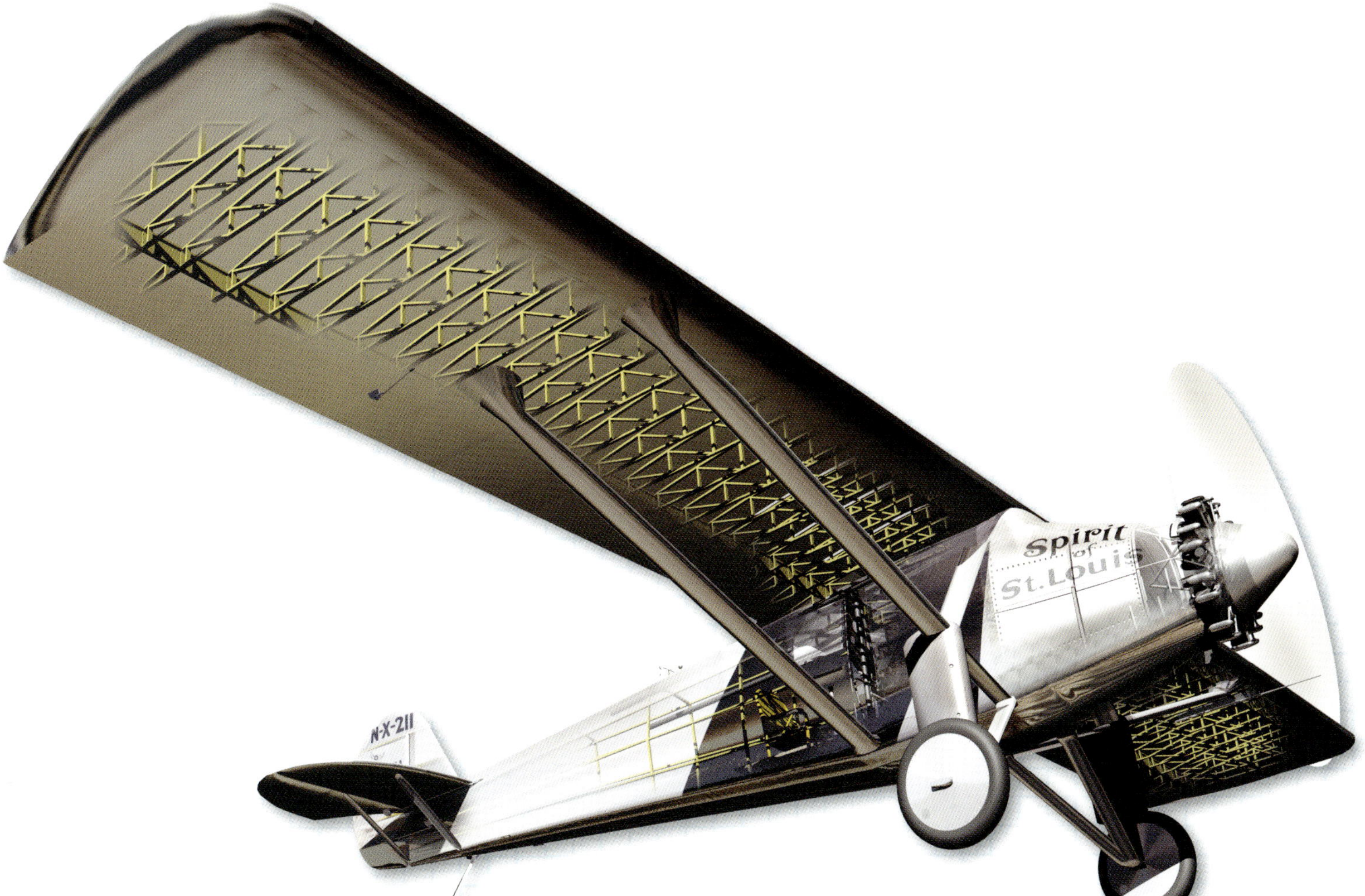

ゆまに書房

ACKNOWLEDGEMENTS

All panel artworks by Rocket Design
The publishers would like to thank the following sources for the use of their photographs:
Alamy: 28 Emil Pozar III
Aviation Images: 30 M Wagner
Corbis: 15 Aero Graphics, Inc.; 19 Bettmann; 21 Hulton-Deutsch Collection; 23 Antonio Cotrim/epa; 27 Handout/Reuters
Fotolia: 7 Charles Shapiro; 11 Igor Zhorov
Getty Images: 34 Johnny Green
Rex Features: 4 Jonathan Hordle; 5 Hugh W. Cowin; 13 C.WisHisSoc/Everett; 25
All other photographs are from Miles Kelly Archives

HOW IT WORKS : Aircraft
Copyright©Miles Kelly Publishing Ltd
Japanese translation rights arranged with Miles Kelly Publishing Ltd
through Japan UNI Agency, Inc., Tokyo

もくじ

はじめに ………………………… 4
熱気球 …………………………… 6
ハンググライダー ……………… 8
セールプレーン ………………… 10
ライトフライヤー ……………… 12
セスナ 172 スカイホーク ……… 14
ソッピースキャメル …………… 16
ライアン NYP スピリットオブセントルイス … 18
スーパーマリンスピットファイア … 20
ショートサンダーランド S.25 …… 22
ハリアージャンプジェット ……… 24
ロッキード C-130 ハーキュリーズ …… 26
ノースロップ B-2 スピリット爆撃機 …… 28
エアバス A380 …………………… 30
F-35B ライトニング II …………… 32
ボーイング CH-47 チヌーク ……… 34
用語解説 ………………………… 36

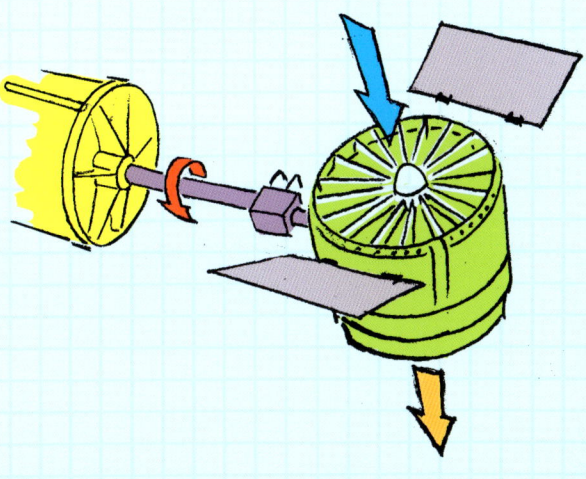
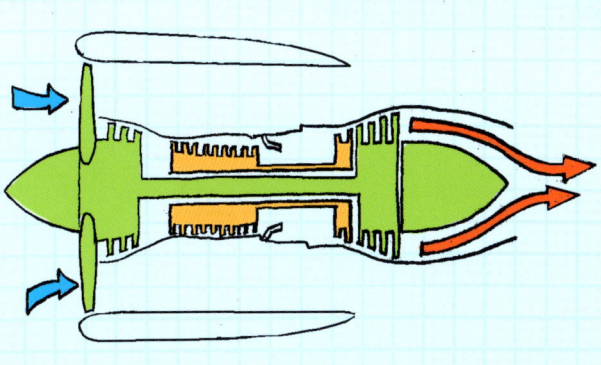
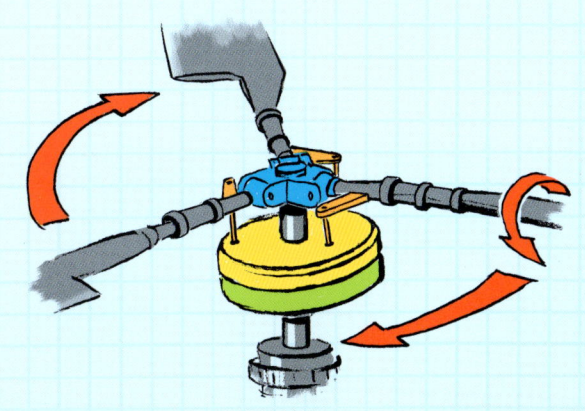

はじめに

昔から、人は鳥のように飛びたいという夢をいだいてきた。鳥の羽根や布でつくったつばさを腕につけ、がけや教会の塔の上から飛びおりた人もいたんだよ。できるだけすばやく腕をバタバタさせて。だけど、だれ一人として空を飛べた人はいなかったし、命を落とした人すらいたんだ。どうやら人間の筋肉には、自力で空を飛べるほどの力がないということがわかってきた。人間が空を飛ぶためには、つばさだけではダメ。機械やさまざまな技術が必要なんだね。

昔の人たちは、鳥を見ながら、飛び方を研究した。

まいあがれ！

今から200年以上前のこと。気球にのって、空へとまいあがった人たちがいた。何時間も、ときには何日もの間、空をただよったんだ。だけど、その行き先は風まかせだった。それから100年ほどして、今度は木と布を使ったグライダーで空を飛ぶ人たちが出てきた。まいあがるため、鳥のつばさをまねたんだ。つばさの断面を見ると、上側がふくらんでいるんだよ。それから、つばさがねじれたり、そったりするようすも研究した。力のバランスをとって、スピードや方向を調節しようとしたんだね。だけど、動力がなくて、長時間を飛ぶことはできなかったんだ。

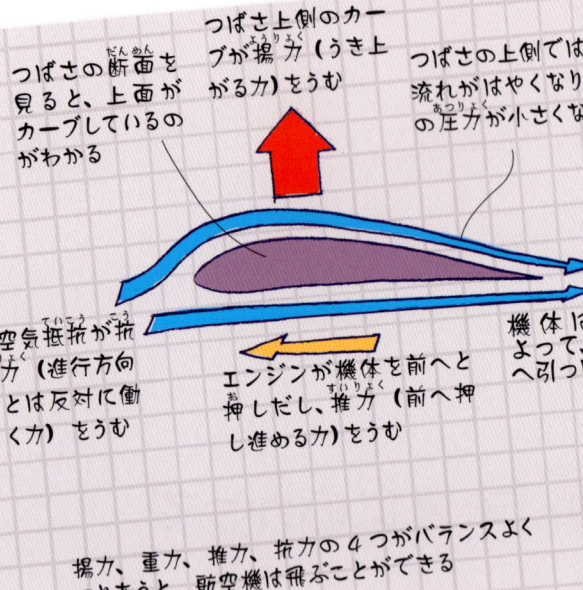

- つばさの断面を見ると、上面がカーブしているのがわかる
- つばさ上側のカーブが揚力（うき上がる力）をうむ
- つばさの上側では空気の流れがはやくなり、空気の圧力が小さくなる
- 空気抵抗が抗力（進行方向とは反対に働く力）をうむ
- エンジンが機体を前へと押しだし、推力（前へ押し進める力）をうむ
- 機体は重力によって、下方向へ引っぱられる
- 揚力、重力、推力、抗力の4つがバランスよくつりあうと、航空機は飛ぶことができる

初めての飛行機

アメリカのオハイオ州デイトンに育ったライト兄弟。1903年に2人は、自分たちのグライダーを何度も何度もていねいにテストした後、ガソリンエンジンをのせてみた。小型で軽量。自分たちでつくったエンジンだ。このエンジンがプロペラを回転させ、推力（ものを前へ押し進める力）をうんだ。方向をコントロールしたのは、ねじれるように動くつばさ。見た目の力強さはないけど、ライト兄弟のマシンは空を飛んだんだ。でも、それだけじゃない。新しい移動手段、新しいレジャー、新しいスリルの時代——航空機の時代の幕を切って落としたんだよ。

ライト兄弟のフライヤーなど、初期の航空機はどれも軽くて、きゃしゃだったので、かんたんに風にあおられてしまった。天気がよくて、風のない日にしか飛べなかったんだ。

>>> 航空機 <<<

戦争で得たこと

第1次世界大戦（1914〜1918年）の間に、航空機は大きく、がんじょうになった。そして、操縦しやすくなり、安定性もましたんだ。戦後、多くの人たちが空を飛び始め、いろいろな記録がうまれた。第2次世界大戦（1939〜1945年）は、さらなる進化をもたらした。とくに、エンジン。後方から熱い燃焼ガスを噴出し、推力をうむジェットエンジンだよ。

第2次世界大戦は、スーパーマリンスピットファイアをはじめとする航空機が重要な役わりをはたした初めての大戦だった。

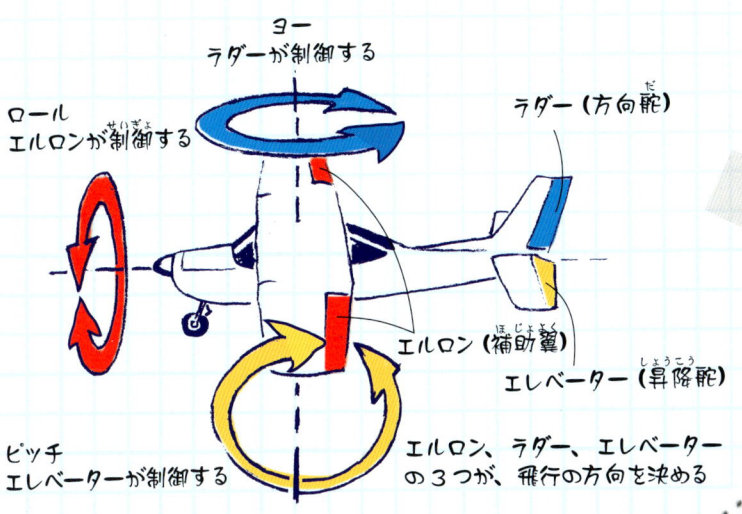

未来にむかって

世界が平和な空気につつまれた1950年代、空の旅がいよいよ本格的に始まった。今では、出張や旅行に出かける客を、ジャンボジェット機が世界のあちらこちらへと運んでいく。軍用機も飛行速度があがったし、ステルスとよばれる技術のおかげで、かんたんには撃墜されないようになった。ステルスは、レーダーで探知されないようにしたり、航空機が発する赤外線を追いかけるミサイルからかくれたりする技術だ。滑走路がなくても、垂直に離着陸できる航空機もある。ジェット噴射して空中で停止したり、ヘリコプターみたいなローターをもっていたりするんだ。それに、コンピューターが重要な役わりをになうようになってきている。現代の飛行機は、操縦かんの動きをコンピューターで処理する「フライバイワイヤー」方式を採用していて、安全性が高まっているんだよ。

エアバスA380は、最新かつ最大の長距離旅客機だ。

航空機はつねに進化を続ける。だけど、航空機の歴史はまだほんの100年ていど。これから先の100年で、どんな進化をとげるんだろう？

5

熱気球

本当のことをいうと、風船や気球は空を飛ぶんじゃない。ただようんだ。熱気球の中には、バーナーであたためられた空気が入っている。空気は分子とよばれる小さなつぶの集まり。その空気をあたためると、分子の動きがはやくなって、分子どうしのすきまが広がるので、同じ場所に入る量が少なくなる。つまり、気球の内側の空気が外側の空気よりも軽くなり、気球がうかぶってわけ。パイロットはバーナーのほのおを調節することによって、高度をかえることができるけれど、方向を決めるのはパイロットではなく、風なんだよ。

へえ、そうなんだ！

初めて熱気球にのって、空へまいあがったのは、ピラートル・ド・ロジェとダーランド侯フランソワ・ローラン。1783年、ジョゼフとジャックのモンゴルフィエ兄弟がつくった気球にのりこんだ2人は、フランスのパリ上空をおよそ9キロメートルにわたって飛んだんだ。

この先どうなるの？

電動モーターとプロペラをリュックサックのようにせおい、ヘリウム風船をつけた1人用の気球を研究している人もいるんだ。これなら、どこでも好きなところへ飛んでいけるからね。

排気弁

気球からアフリカの大地を見下ろす。野生動物がよく観察できると、観光客に人気だ。

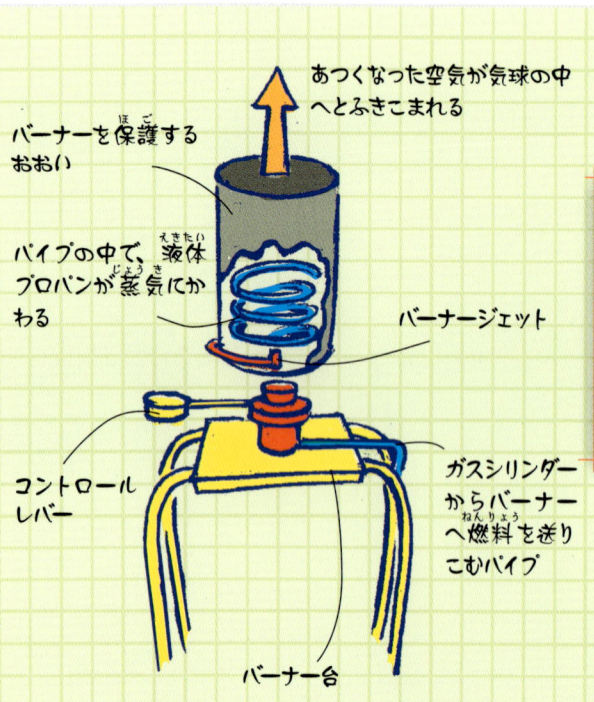

球皮（エンベロープ） 球皮は、気球のじょうぶな風船部分。細長いラグビーボールのような形のゴアというパーツからできている。ナイロンなど、やぶれにくい布を使うけれど、バーナーに近い開口部はノーメックスなど、熱に強い素材だ。

2007年、デビッド・ヘンブルマン＝アダムズが熱気球で最高高度の記録をぬりかえた。9.7キロメートルにまで上昇したんだよ。

ロードテープ とてもじょうぶなテープ。パネルとパネルのつなぎ目にぬいこまれ、スカートにまでのびている。あみの目状になっていて、球皮に伝わるゴンドラの重みを分散させるんだ。

✳ バーナーの仕組み

ほとんどの気球が、バーナーで燃料のプロパンガスを燃焼させる。金属製シリンダーの中で、プロパンは圧縮（押しちぢめる）され、液体になる。この液体プロパンは、ぐるぐるまいたパイプを通りながら、パイプの近くで燃えるほのおの熱を受け、あたためられる。するとプロパンは蒸気になり、ジェットとよばれる穴から噴出して空気とまざりあい、ほのおにふれて燃えあがるんだ。

昔の飛行船には、水素ガスが使われていた。このガスはとても軽いけれど、燃えやすい。1937年、飛行船ヒンデンブルク号が爆発炎上し、36人が命を落とした。飛行船の歴史を大きくかえる事故だった。

>>> 航空機 <<<

リップバルブ リップラインとよばれるロープを引くと、パラシュートの形をしたパネル（パラシュートパネル）が下方向へ引っぱられ、リップバルブとよばれる排気口が開く。すると、内部の熱気が排出され、気球はしぼむ。上空にいるときならば、高度は下がる。

飛行船が空をただようのは、ヘリウムガスのおかげ。

✴ 飛行船の今

気球や飛行船は、空気より軽くなることで、空にうき上がる。飛行船に使われるのは熱気ではなくて、とても軽いヘリウム。よく風船にも入っているガスだよ。飛行船の内部にはバロネットとよばれる密閉された袋がいくつもあって、それぞれにヘリウムガスが入っている。それから、飛行船を前進させるプロペラ、左右または上下に方向をかえるための板のようなフィン、ゴンドラとよばれる小さな船室もあるんだ。

リップライン パラシュートパネル、排気弁からゴンドラまでつながっているロープ。これを引っぱると、パラシュートパネルが下がってリップバルブが開いたり、排気弁が開いたりして、熱気が外へにげるんだ。

1999年、ベルトラン・ピカールとブライアン・ジョーンズが気球による初の無着陸世界一周旅行に成功した。20日近くかかったんだ。

開口部

スカート

バーナー パイロットがバーナーに火をつける。すると、バーナーはごうごうと音をたてながら、気球内の空気をあたためる。バーナーを消すと、音が静かになる。

ゴンドラ むかしながらのカゴみたいに、細長い枝のような木のつるをあんでつくられている。じょうぶだけど、軽いし、安いんだ。着陸するときの衝撃をやわらげる役わりもあるんだ。

7

ハンググライダー

グライダーは、エンジンをもたず、すべるように空を飛ぶのり物。しっかりとしたフレームに布製のつばさを張り、パイロットがヒモでつりさがる形のものをハンググライダーというんだよ。進路を右や左にかえたり、速度をかえたりすることはできるけれど、自力で高度を上げることができないので、上昇気流（上空にむかう空気の流れ）にのらないかぎり、空中を少しずつ下りてくることになるんだ。

これは、びっくり！

ドイツのベルリン郊外でオットー・リリエンタールがハンググライダーを開発したのは、今から100年以上前のこと。リリエンタールは20機のグライダーを設計しただけでなく、自分で丘までつくったんだ。そして、2500回以上も飛行をくりかえしたけれど、残念なことに、1896年に墜落し、命を落としてしまった。

リーディングエッジ つばさの前縁にあるがんじょうなチューブで、つばさの形を正しくたもつ。フレームを構成するほかの部品と同じく、軽量でじょうぶなアルミニウム合金やカーボンファイバー複合材でできている。

張り線 フレームの各部分につながる、細くてじょうぶな金属製ワイヤー。フレームはこのワイヤーでしっかり固定され、強い風の中でも、急な旋回中でも、形がくずれることがない。

ノーズ

✳ ハンググライダーをコントロールする仕組み

パイロットはコクーンハーネスとよばれる袋の中に入って、ぶら下がる。からだをつばさと平行にたもちながら、つばさにたいしてまっすぐ下に体重をかけると、まっすぐ、水平に飛ぶことができる。ベースバーを動かすと、体重が中心からずれ、つばさの向きがかわるんだ。

コントロールバー

ベースバーを前へ押すと体重がうしろにかかり、グライダーは上昇する

ベースバーを左にふると体重は右にかかり、グライダーは右に旋回する

ベースバーを右にふると体重は左にかかり、グライダーは左に旋回する

ベースバーを手前に引くと体重が前にかかり、グライダーは下向きになって、降下の速度がはやくなる

コントロールバー 金属製のフレーム。ハンググライダーの中心を前からうしろに走る長い棒（キール）と、コントロールバーの上の端がしっかり固定されている。

ベースバー コントロールバーの一部。パイロットはすべり止めのついたグリップ部分でベースバーをにぎり、押したり引いたりすることによって、飛行の方向をかえることができる。

2002年、アメリカのテキサス州で、マイケル・バーバーがハンググライダーで700キロメートルをこえる飛行を記録した。

>>> 航空機 <<<

この先どうなるの？

動力式のハンググライダーでは、パイロットのすぐうしろにエンジンがついている。オートバイと同じタイプの小さくて軽いもので、このエンジンが小さなプロペラを回転させるわけ。個人で航空機を所有するならば、いちばん手軽なのがこうしたモーターハンググライダーだね。

クロスバー

キール

樹脂製バテン バテンとよばれる細長い棒をつばさのポケットにさしこむことによって、つばさは空中ではためくことなく、まっすぐ、正しい形をたもって滑空することができる。

つばさ（セール） ハンググライダーの原型になっているのはロガロ式ウイングとよばれるつばさ。現在では、じょうぶでやぶれにくいナイロンやケブラーなどの合成せんいが使われる。

高速のハンググライダーは、飛行時速が140キロメートル以上にもなるんだ。

上昇気流にめぐまれた最高のコンディションであれば、ハンググライダーで高度5000メートルをこえることもできるよ。

✳ 鳥のように大空へ！

グライダーは動力をもたないから、自力で上昇することができなくて、少しずつおりてくるんだ。だけど、パイロットが上昇気流——たとえば、斜面にそってふき上げる風や、太陽熱であたためられた岩から上がってくる空気など——を見つけることができれば、グライダーは高度を上げることができる。急降下したあとでも同じように上昇気流にのることができるし、良い条件がそろえば、何時間も飛行を続けることが可能だ。

山の斜面にそってふき上げる風がハンググライダーを上昇させる。

セールプレーン

空を滑空するグライダー。セールプレーンもその仲間であり、モーターやエンジンをもたないので、自力での上昇はできない。だけど、最近の高性能なセールプレーンはとても軽いし、ボディもむだのない流線形なので、とても長い間、滑空することができる。丘や山の下から上へふき上げる風など、上昇気流（上空へむかう空気の流れ）をつかまえることができれば、あっという間に雲の近くまで高度を上げることができるんだ。

へえ、そうなんだ！
多くのセールプレーンが、なめらかで軽く、じょうぶな GRP（ガラス強化プラスチック）という合成せんいでおおわれている。この素材は、1957年にドイツのグライダー、FS-24 で初めて採用されたんだ。

この先どうなるの？
最新のグライダーは、機体がカーボン、あるいはアラミドやポリエチレンというじょうぶなせんいでできている。また、旅客機のように、つばさの先っぽが上向きになっていて、これが取りはずせるようになっているんだ。ウイングレットというんだって。

コックピット 操縦の装置や計器類は、動力をそなえた航空機ほど多くはない。エンジンの回転数を調節するレバーやダイヤルはないし、燃料の残量をしめす必要もないからだ。

格納式の着陸装置 離陸後、1本だけの車輪が格納される。空気の抵抗（抗力）をへらすため、次に着陸するまで、車輪はしまっておくんだ。

機体 セールプレーンにはカーボンファイバーの複合材や合金（数種類の金属をまぜたもの）など、とてもじょうぶで、とても軽い素材が使われる。

セールプレーンを引っぱるためのフック

ガラスせんいの機体

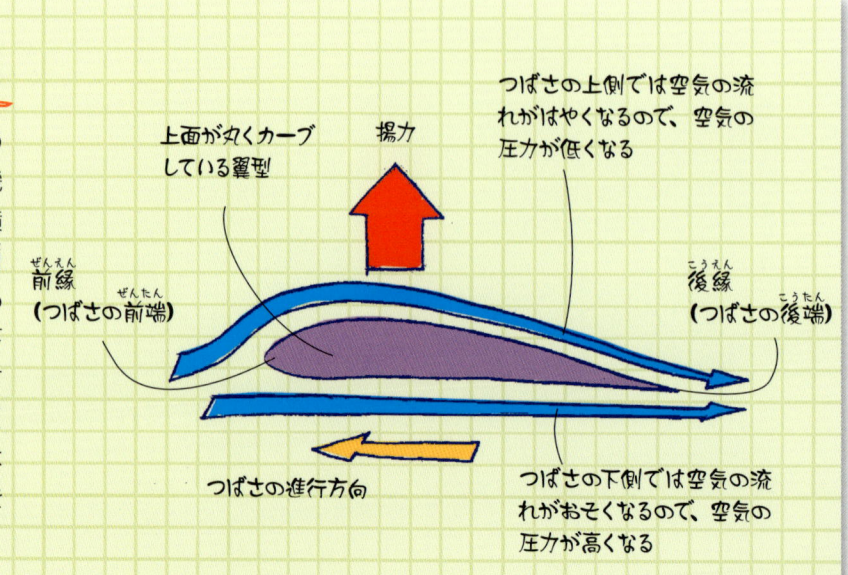

✳ つばさの仕組み

紙飛行機のつばさはたいらで、うすっぺらいけど、本物の航空機のつばさは、ちょっとちがう。横から見た形は翼型といって、上面が丸くカーブしているのがわかるね。だから、空気の流れは、下面より上面ではやくなるんだ。すると、つばさの上側は空気の圧力が下側より低くなり、つばさは上方向に引っぱられる。この力を揚力というんだよ。

上面が丸くカーブしている翼型 / 揚力 / つばさの上側では空気の流れがはやくなるので、空気の圧力が低くなる / 前縁（つばさの前端）/ 後縁（つばさの後端）/ つばさの進行方向 / つばさの下側では空気の流れがおそくなるので、空気の圧力が高くなる

>>> 航空機 <<<

第2次世界大戦（1939〜1945年）中には、大型のグライダーが部隊や軍用車を敵地のまっただ中に、そっと運んでいた。

水平尾翼 セールプレーンの着陸装置は1本の車輪だけ。だから、離着陸のときに、機体が左右にゆれてしまう。水平尾翼は低いところについているより、高いところについている方が、機体がゆれても地面にぶつかりにくいんだ。

流線形のボディ

垂直安定板の小骨（すいちょく／しょうこつ）

ラダー

垂直安定板 上向きについているつばさで、フィンとよばれることもある。飛行中に機体が左右にゆれるのをふせぐ。

えい航機がグライダーを引っぱって離陸させる。

✱ 大空へ

グライダーは、がけの上から飛びおりるような危険をおかすことでもしなければ、何かに引っぱってもらわないと、宙をまうことができない。引っぱってもらう方法の1つに、ウィンチえい航というのがある。グライダー先端のフックに長いケーブルをとりつける。このケーブルを高速でまきとると、たこ上げのように、スピードにのったグライダーがまいあがるんだ。ほかに、えい航機とよばれる軽飛行機でグライダーを引っぱって離陸させる方法もある。

グライダーは熱気の上昇気流（サーマル）にのると、何時間も飛び続けることができる。

つばさの小骨

もっと短くて、幅の広いつばさをもつグライダーもあるよ。そういうグライダーは、宙返りしたり、回転したり、びっくりするような曲芸飛行（エアロバティック）が得意なんだ。

つばさ たいていのセールプレーンが、とても長くて、細いつばさをもっている。その方が空気抵抗が小さく、よく上昇できるんだ。

ウイングレット 最近の航空機はつばさの先っぽがまがっているものが多い。つばさの先っぽをまくように空気のうずができるのをふせぐから、空気抵抗が小さくなるんだ。

11

ライトフライヤー

それは1903年12月17日木曜日の午前10時35分、アメリカ、ノースカロライナ州キティホーク近くの、風が強い海岸でのこと。ウィルバーとオービルのライト兄弟がつくった飛行機が、空を飛んだ。歴史上初めて、操縦が可能で、動力をもった飛行機が飛んだんだ。たった12秒の飛行を目撃したのは、2人を手伝ったわずかな人たちだけ。それでも、これは歴史をぬりかえる偉業だった。

へえ、そうなんだ！
鳥たちはじょうずに飛ぶため、どのようにつばさを使うんだろう。ライト兄弟は何時間も、何時間も観察を続けた。そしてヒントを得た2人は、フライヤーのつばさをたわめて、ねじることを思いついたんだよ。

それからどうなったの？
その日、最初にオービルが飛んだ後も、兄弟はかわりばんこに3回の飛行をくりかえした。最後にウィルバーが飛んだのがいちばん長くて、260メートル、59秒だった。

ライトフライヤー初飛行の距離は37メートル。エアバスA380の機体の長さの半分だ。

カナード型 フライヤーのエレベーターは機体の前方にある。こういうタイプをカナード型というんだ。

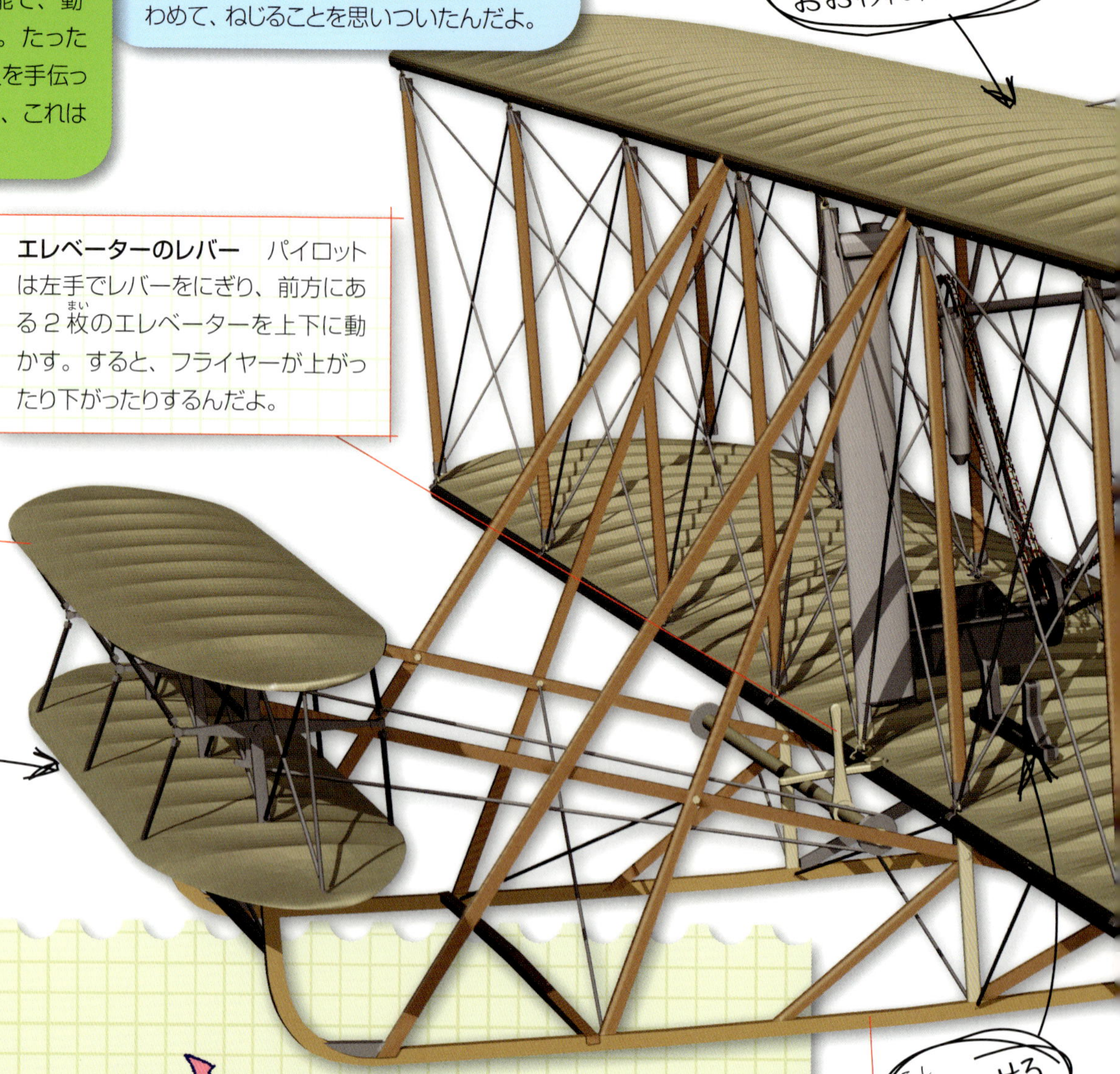

エレベーターのレバー パイロットは左手でレバーをにぎり、前方にある2枚のエレベーターを上下に動かす。すると、フライヤーが上がったり下がったりするんだよ。

綿モスという布でおおわれたつばさ

エレベーター

腰をのせるクレイドル

スキッド 機体のいちばん下の部分はスキッドといって、スキーやそりみたいになっている。着陸するとき、スキッドで砂の上をすべるんだ。

✳ たわみ翼の仕組み

フライヤーのつばさは「たわみ翼」といって、前後にたわみ、ねじれるんだ。こうすることによって、片方のつばさがもう一方より大きな揚力を得ることができる。つまり、片方のつばさがもち上がり、もう一方が下がるというわけ。こうなると、飛行機自体、片側にかたむくんだよ。現代の飛行機には、似たような機能をもつエルロンというものがつばさの後縁についているんだ（14ページも見てね）。

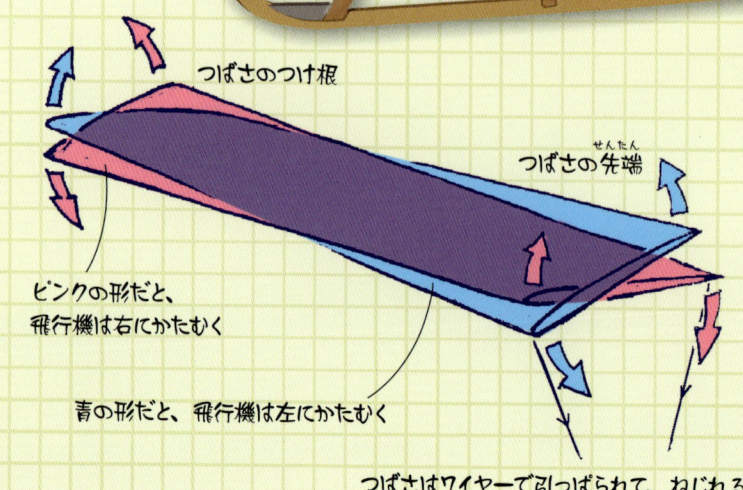

つばさのつけ根
つばさの先端
ピンクの形だと、飛行機は右にかたむく
青の形だと、飛行機は左にかたむく
つばさはワイヤーで引っぱられて、ねじれる

>>> 航空機 <<<

推進プロペラ 自転車の車輪をまわすみたいに、とても強力なチェーンで、エンジンからの動力を2つのプロペラに伝え、回転させる。

ふたごのラダー パイロットはうつぶせになって、クレイドルに腰をのせる。このクレイドルでつばさのたわみぐあいをコントロールし、同時にフライヤーの飛行方向をコントロールするんだ。ラダーもクレイドルとワイヤーでつながっているからね。

ライト兄弟は飛行の実験を始める前は、自転車屋さんだった。フライヤーの動力源となる軽量のガソリンエンジンも、自分たちでつくったんだよ。

木製の機体 フライヤーは大部分がトネリコやトウヒなどの木材でできていた。つばさも木製で、布でおおわれていたんだ。

✲ 滑走用レール

フライヤーの「滑走路」は砂浜だった。車輪を使って離陸するには、不向きだよね。そこで、ライト兄弟は長い金属製のレールを1本しいた。そのレールの上を、すべるようにトロリーが走る。このトロリーにフライヤーをのせて滑走させる。十分なスピードが出ると、フライヤーはトロリーを残して、空にまいあがったんだ。

張り線 パイロットは、下側のつばさにとりつけられたクレイドルの上にうつぶせになる。体重を移動させると、クレイドルは左右に動くよ。クレイドルからのびたワイヤーがつばさの先端を引っぱって、たわませ、同時にラダーも動かす。

ライト兄弟の初飛行は当時、たいしたニュースにならなかった。ことの重大さにみんなが気付いたのは、数年たってからなんだ。

離陸するフライヤー

セスナ172 スカイホーク

軽飛行機は、自動車でいえばファミリーカーのようなもの。いちばん多いタイプは、座席が4つと、自動車と同じようなエンジンが1基ついているもの。このエンジンでプロペラをまわすんだ。軽飛行機はものすごい高速飛行や曲芸飛行はできない。だけど、じょうぶで、安定性がいい。操縦はさほどむずかしくないし、修理もしやすい。それに、とても軽い。その重さは、ファミリーカーの半分くらいなんだ。

へえ、そうなんだ！
1955年、セスナ172の第1号がつくられた。当時から、開発した人たちは「世界ナンバーワンの設計だぞ」と、自信まんまん。そして、それは本当のことだったんだ。

この先どうなるの？
これからのセスナ172は、ターボディーゼルエンジンを搭載するようになる。すごくはやく走る自動車にも使われているエンジンだよ。

エンジン 飛行機に使われるのは、おもにライカミングエンジン社かテレダインコンチネンタルモーターズ社の4気筒（シリンダーが4つある）か6気筒で、仕組みは車のエンジンと同じ。燃料と空気の「混合気」がシリンダーの中で燃焼し、ピストンを押すんだ。ただし、ピストンは車のエンジンみたいに列をつくってならんでいるわけではなく、半分ずつが反対側を向いてねている。水平対向型という配列だよ。

操縦かん 長い金属製ワイヤーでエルロンとエレベーターにつながっている。これを前へ押すと機首が下がり、手前に引くと機首が上がるんだ。

スピナー

ラダーペダル 左のペダルをふむと、機体後部のラダーが左に動き、飛行機の針路は左にかわる。

ヨー ラダーが制御する
ロール エルロンが制御する
ラダー（方向舵）
エルロン（補助翼）
エレベーター（昇降舵）
ピッチ エレベーターが制御する

✴ 操縦翼面の仕組み
つばさについていて、動かすことのできる部品を操縦翼面という。操縦翼面を動かすと、通りすぎていた空気がぶつかるようになり、機体の向きがかわる。こうして変化する機体の姿勢をピッチ（上下の動き）、ヨー（左右の動き）、ロール（左右のかたむき）とよぶんだ。

航空機の仲間で、いちばんたくさんつくられているのがセスナ172。その数は4万3000機をこえるよ。

>>> 航空機 <<<

操縦の訓練にいちばんよく使われるのもセスナ172だ。

エレベーター 水平尾翼についている。水平尾翼は機体後部の小さなつばさだ。エレベーターは操縦かんからつながる長いワイヤーで、上がったり下がったりするんだ。

ラダー 垂直安定板（フィン）についている。垂直安定板は、飛行機がまっすぐな姿勢をたもつ助けをするんだ。パイロットがペダルでラダーを操作し、針路を左右にかえる。

垂直尾翼

セスナ172にスカイホークというよび名が初めてつけられたのは、1961年。

エレベーターケーブル

ラダーケーブル

コントロールケーブル（操縦かんからつながるワイヤー）のプーリー（滑車）

ふつうセスナ172は時速220キロメートルで飛行する。だけど、エンジンの馬力を上げたモデルだと、時速250キロメートル近く出すことができる。

ホイールフェアリング

エルロン 左右のつばさのうしろ側、先端に近いところにある。操縦かんからつながるワイヤーで動くよ。左右どちらかのエルロンが上がっているとき、もう一方は下がっている。

✳ 尾翼がない航空機の仕組み

デルタ（三角）翼機や無尾翼機などとよばれる航空機には、エレベーターのついた水平尾翼がない。そのかわり、主翼にはエレボンがついている。これはエレベーターとエルロン、2つの役わりをもつものだよ。

エレボン

F-117 ナイトホーク戦闘機は、デルタ翼型

15

ソッピースキャメル

第1次世界大戦（1914〜1918年）で大活躍した戦闘機の1つがキャメル。スピードがあって、機動力があるんだ。はげしい空中戦でもすばやく回転し、身をかわす。イギリスをはじめとする連合国の空軍機の中でもキャメルがうち落とした敵機の数はナンバーワン。1300機近いんだよ。

2つの機関銃 パイロットは、ビッカースマシンガンの銃身にそってねらいをさだめ、機首をまっすぐターゲットに向ける。

複葉型 複葉機は主翼が上下に2枚ある。そのため、翼幅（左右のつばさの端から端までの長さ）が短くても、大きな揚力を得ることができるんだ。

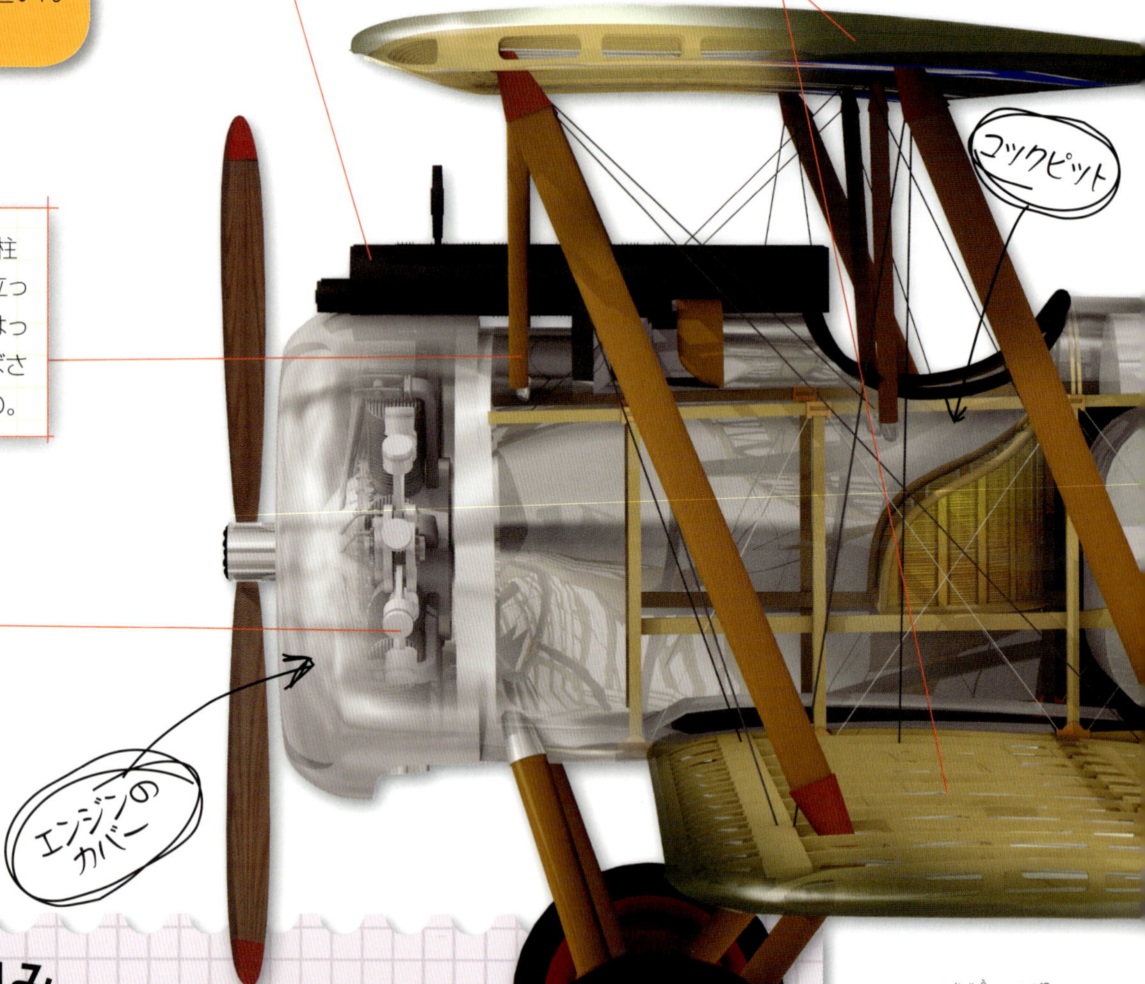

コックピット

支柱と張り線 木製の支柱は、上下のつばさの間に立っている。張り線はピンとはったワイヤーで、軽量なつばさの強度をたもつためのもの。

ロータリーエンジン シリンダーは、星型エンジン（18ページを見てね）と同じように、放射状にならんでいる。そして、そのシリンダーが軸を中心に回転するんだ。

エンジンのカバー

✳ プロペラの仕組み

扇風機のように、プロペラも回転して、空気を後方へ押している。ただし、扇風機のたいらな羽根とちがって、プロペラのブレードは飛行機のつばさのような形をしているんだ。右の図で、3カ所の断面（青、黄色、緑）をくらべてみると、うしろより前の方が丸みが大きいことがわかるね。そのため、プロペラの前側では、うしろ側よりも空気の圧力が小さくなる。だから、プロペラのブレードは空気をうしろに押すだけではなくて、機体を前へ吸いよせるんだよ。

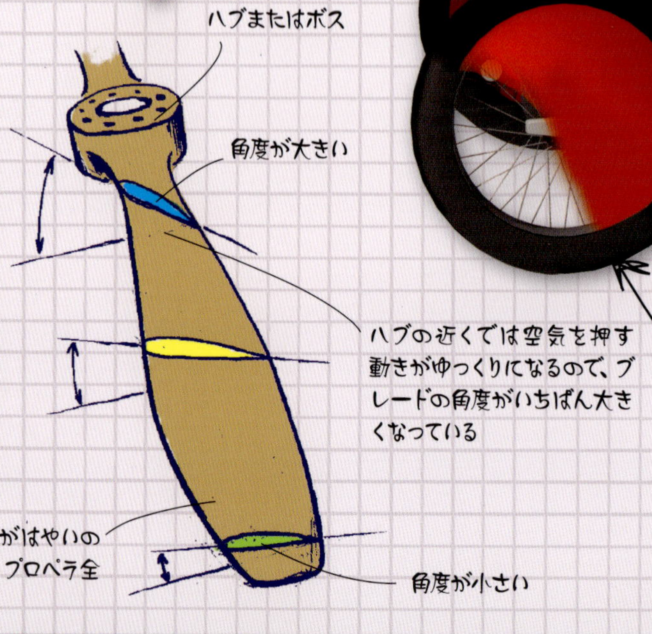

ハブまたはボス

角度が大きい

ハブの近くでは空気を押す動きがゆっくりになるので、ブレードの角度がいちばん大きくなっている

ブレードの先端では動きがはやいので、角度を小さくすると、プロペラ全体のバランスがとれる

角度が小さい

エンジン、燃料、機関銃、そしてコックピット。そのすべてが機体の前方にまとまっている。そのため、キャメルは操縦がむずかしいけれど、腕のよいパイロットがのれば、空中戦にはめっぽう強いんだ。

骨の部分を布でおおった車輪

>>> 航空機 <<<

へえ、そうなんだ！
初期の戦闘機は、自分の機関銃が発射した弾がプロペラをうちぬかないように、デフレクターというV字型の金属がブレードのうしろについていたんだ。弾はデフレクターにななめにあたってはね飛ばされるので、木製のブレードをまともに直撃することはなかった。

それからどうなったの？
船の上から飛びたつことができた2F.1 キャメル。1918年に史上初めて、船の上から飛び、空爆をおこなったんだ。

キャメルはラクダという意味。機関銃のカバーがラクダのこぶみたいに見えるからつけられた名前だ。

丸い紋章 英国航空隊（1918年に英国空軍になった）のシンボル。このマークを見ればイギリスの飛行機だとわかるので、同盟国からの攻撃を受けずにすんだんだ。

垂直安定板と水平安定板 がっちりと固定されたこの部分は、まがったり動いたりしないよう、ワイヤーでささえられている。

ラダー

隊のマーク

木製の機体

キャメルを空中で発進させる実験がおこなわれた。巨大な飛行船がおなかにキャメルをくっつけて飛び、空中でキャメルを落としたんだ。

キャメルは5500機近く製造された。第1次世界大戦を代表する戦闘機だ。

✳ プロペラをうつな！

最初のころの戦闘機では、パイロットが銃を手にもっていた。その後、自由に動く金属製アームにとりつけた手動式銃をパイロットが射撃専門の乗員がうつようになった。こういう戦闘機では、空中戦がはげしくなってくると、まちがって自分のプロペラをうってしまうことがあったんだ。キャメルは、プロペラのシャフトにでっぱりがあって、回転するたびに棒を押すようになっていた。この棒が機関銃の引き金を引くんだ。このシステムのおかげで、プロペラのブレードが前に来た瞬間をさけて、弾を発射できたんだ。

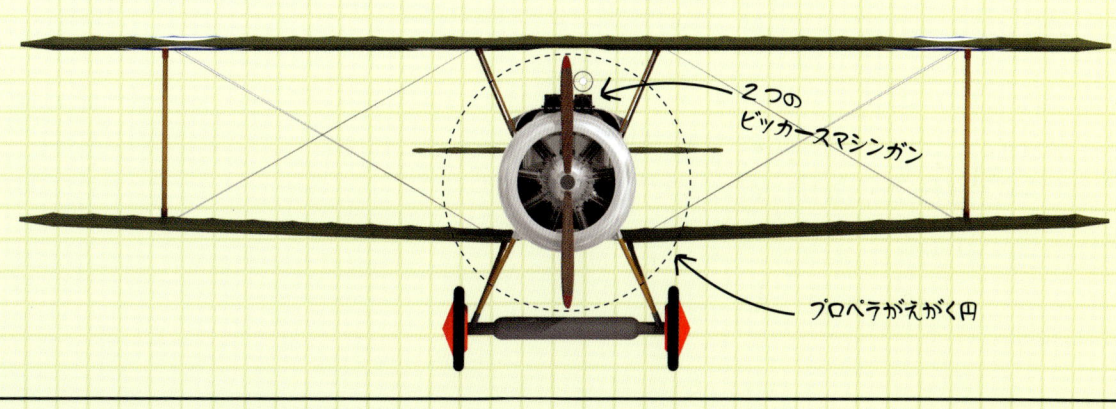

2つのビッカースマシンガン

プロペラがえがく円

17

ライアン NYP スピリットオブセントルイス

今ではたくさんの人が飛行機で海をこえる。中にはたいくつしちゃう人もいるよね。だけど、1927年にスピリットオブセントルイスで飛んだチャールズ・リンドバーグにはたいくつしているひまなど、なかった。たったひとりで、大西洋の無着陸飛行を初めて成功させたんだからね。そして、リンドバーグはいちやくスーパースターになったんだ。

それからどうなったの？

初めて世界一周無着陸飛行を成功させたのは、ディック・ルータンとジーナ・イェガー。1986年12月のことだ。このときの飛行機ボイジャーは、この旅を成功させるために設計されたもの。世界一周4万2400キロメートルを飛ぶのにかかったのは、わずか9日間。リンドバーグの旅の6倍ちょっとの時間だった。

コックピットにはまどがなくて、前が見えなかったので、リンドバーグは潜水艦のような潜望鏡で前を見ていた。

つばさの支柱 機体の下側からつばさの先端にのびる支柱。強風の中で、つばさがゆれるのをふせいだ。

胴体

パリに到着するリンドバーグを、15万人が大さわぎで出むかえた。中には、機体に使われていた布を切りとっていく人もいたんだって！

尾そり

4. クランクシャフトにつながっているコンロッドが、クランクシャフトを回転させる

3. ピストンがコンロッドを押す

2. 爆発によって生じた力がシリンダー内のピストンを押す

1. 燃料と空気の混合気がシリンダー内で爆発する

5. プロペラはクランクシャフトにはまっている

✴ 航空機のピストンエンジンの仕組み

燃料と空気がまじりあった「混合気」がシリンダーというつつの中で爆発し、ピストンを強い力で押す。これがピストンエンジンだ。自動車のエンジンのような直列型の場合、シリンダーはまっすぐにならんでいる。星型では、シリンダーは放射状にならんでいる。

ピストン

機体 軽量の金属パイプでつくられた胴体。木製フレームのつばさ。そのすべてがじょうぶな布でおおわれていた。

リンドバーグが飛行中に口にしたのは、ビン2本の水とハムのサンドイッチ4つ。

>>> 航空機 <<<

単葉型 スピリットオブセントルイスは肩翼機といって、機体の上側に左右1枚ずつの主翼をもつ。片方のつばさの先端から、もう片方のつばさの先端までの長さ（翼幅）は14メートル。

スピリットオブセントルイス公式名のNYPは「ニューヨーク、パリ」の意味。

コックピット スピリットオブセントルイスは郵便飛行機M2を改良したもの。コックピットはとてもせまくて、足をのばすこともできなかったんだ。計器類は、1700リットルという大容量のガソリンタンクのうしろにあった。

まどがない！

コックピット

ライトホワールウィンド J-5C 何度ものテストを乗りこえた星型エンジン。とても力強く、安定していた。シリンダーは9つで、出力は223馬力。現代の一般的なファミリーカーよりもパワフルだったんだ。

✳ ラッキー・リンディ！

リンドバーグは、初めてニューヨーク-パリ間で単独無着陸飛行を成功させ、オルテーグ賞の賞金2万5000ドルを獲得した。リンドバーグ以前にも偉業に挑戦した人はいたけれど、すでに6人が命を落としていた。リンドバーグがルーズベルト飛行場から飛びたったのが、現地時間の5月20日午前7時52分。それから33時間29分後、パリのルブルジェ空港に着陸した。パリは夜。現地時間の5月21日午後10時22分だった。

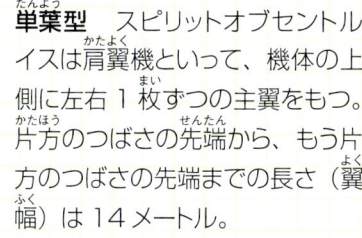

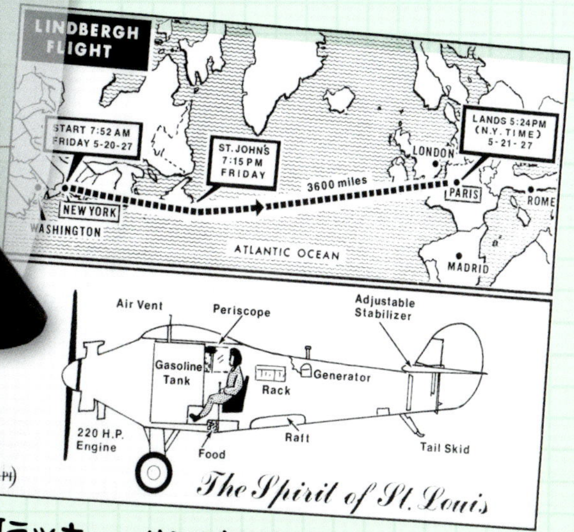

スピリットオブセントルイスにみぞれや氷がついた。その重みで、海の上3メートルにまで急降下し、あやうく不時着水（予定外に、水の上におりること）するところだった。

空気抵抗の少ない車輪

「ラッキー・リンディ」、「ローン・イーグル」ともよばれたリンドバーグの旅

スーパーマリンスピットファイア

世界的によく名前が知られている飛行機の1つ、スピットファイア戦闘機が初めて飛んだのは1936年。第2次世界大戦（1939〜1945年）のときには、当時の軍用機の中でもいちばんはやく、いちばん動きの軽かったスピットファイアが中心的な役わりをになった。とくに1940年の「英国の戦い」とよばれる大空中戦では、大活躍。そんなスピットファイアは、大戦後も製造され、1950年代まで現役を続けたよ。

へえ、そうなんだ！

最速のスピットファイアは、ジェットエンジンをつんだV1というロケットミサイルを追いかけることもできた。V1とならんで飛びながら、つばさの先っぽをゆらし、V1をはね飛ばしたんだ。

スピットファイアは長く活躍し、2万機以上製造された。

エンジン 初期のスピットファイアにはロールスロイス社製のマーリンエンジンが搭載された。ほかにもランカスター爆撃機など、当時はこのエンジンをつんだ飛行機が多かったんだ。のちには、同じロールスロイス社製だけど、もっとパワフルなグリフォンエンジンがスピットファイアに搭載されるようになった。

燃料タンク

✳ 可変ピッチプロペラの仕組み

プロペラのブレードはいちばん効率よく推力（前へ進む力）をうむように、大きさ、形、ピッチ（角度）が考えぬかれて設計されている。だけど、高速飛行時はプロペラの回転もはやく、低速で飛行するときとはピッチをかえるほうが効果的。そこで、可変ピッチプロペラでは最大限の推力を得るため、回転速度にあわせて、自動的にピッチを調節するんだ。

ブレードはこの軸を中心にしてピッチをかえる

高速飛行時は角度が深い

空気抵抗が小さいスピナー（カバー）

低速飛行時は角度が浅い

兵器 初期のスピットファイアは左右のつばさに、ブローニング機関銃が装備されていた。のちには、もっとパワフルなイスパノ機関砲も搭載された。

プロペラ スピットファイアはバージョンによって、プロペラのブレードが2枚のものから6枚のものまである。パワフルなエンジンをつんでいる方がブレード数も多いんだ。

戦時中のスピットファイアはすごくはやくて、トップスピードが時速約730キロメートルに達するものもあった。偵察や航空写真の撮影を目的に製造されたものは、機体がピンクにぬられていた。朝焼けや夕焼けの空にとけこむようにね。

>>> 航空機 <<<

この先どうなるの？
今も世界で合計50機ほどのスピットファイアが空を飛んでいる。2つめの座席があるものも何機かあるんだ。乗員は空の旅をひとりじめだね。

圧力にたえる外装 機体はアルミニウムをベースにした軽量の金属シートでおおわれている。だから、高い圧力がかかってもだいじょうぶ。

スピットファイアという名前は「おこりんぼう」「火をはくもの」という意味。候補はいっぱいあって、もしかしたら「スーパーマリンシュルー（がみがみ屋）」という名前になっていたかも！

コックピット

ロールスロイス・マーリンエンジン

一般的なファミリーカーはエンジンの排気量が2リットル。スピットファイアのマーリンエンジンは、なんと27リットルだ。V12型といって、12のシリンダーが1列に6つずつ、2列がV字になるようにならんでいる。このエンジンは初めて登場した時から、何年もかけて形や燃料の改良が続けられた。初期には1000馬力だったパワーが、10年後には2倍になったんだ。

格納式の着陸装置 離陸後、メインの車輪はつばさの中に格納される。空気抵抗、つまり抗力を小さくし、はやく、遠くまで飛ぶためだ。

マーリンエンジンを搭載したスピットファイアの製造風景

先端が丸いつばさ

つばさの形 真上または真下から見ると、つばさが特徴的な形をしているのがわかる。だ円形だね。

スピットファイアは「英国の戦い」での活躍が有名。ホーカーハリケーンという仲間の方がたくさんの敵機をうち落としているんだけどね。

21

ショートサンダーランド S.25

最近では空港も大きくなり、滑走路も舗装されているけれど、昔は大型機が飛行場に下りるのにも苦労がつきものだった。水上飛行機は、まるで空飛ぶ船。川でも湖でも海でも、少しの長さがあれば、どんな水面でも滑走路がわりに使えた。長距離を飛ぶことができるサンダーランドは第2次世界大戦（1939〜45年）のときから1960年代まで、海上をパトロールして、敵の潜水艦などの危険がないか見張っていたし、ごうかな旅客機の役目をはたすこともあったんだ。

へえ、そうなんだ！

世界で初めて定期便が飛んだのは、1914年のアメリカでのこと。セントピータースバーグ・タンパ・エアボート・ライン社がベノイスト14という飛行艇（胴体の下にうきがついていて、離着水できる飛行機）を使って始めた。飛行時間は10分。乗客は最高3人だった。

この先どうなるの？

今までに何人もの人たちが、空飛ぶ車をつくってきた。ふつうのまっすぐな道路から離陸できる車だよ。問題なのは、ふつうの自動車の運転を覚えるのにくらべて、50倍以上の時間と20倍以上のお金をかけて操縦を覚えなければならないことだ。

上部銃塔

銃座 ブローニング.303機関銃を搭載している。敵に照準をあわせるため、銃が電動式で回転する。

サンダーランドが初めて飛んだのは1937年。それから40年にわたって、働いたんだよ。

エンジン いちばん馬力のあるサンダーランドは、4基のプラット＆ホイットニー R-1830-90B 空冷星型複列14気筒を搭載していた。

サンダーランドの胴体は、モーターボートみたいな形。だから、波があっても離着水ができたんだ。

✳ 機体の仕組み

飛行機の機体は、がんじょうな骨組みでできている。胴体を形づくるのは、輪状のフレームと細長いストリンガー。つばさは、前縁と後縁を結ぶ小骨と、つけ根と先っぽを結ぶけたが形をつくっている。小骨は少し丸みがあり、けたはかたいんだ。胴体もつばさも、外板とよばれるアルミ製のうすくて、軽い板でおおわれている。

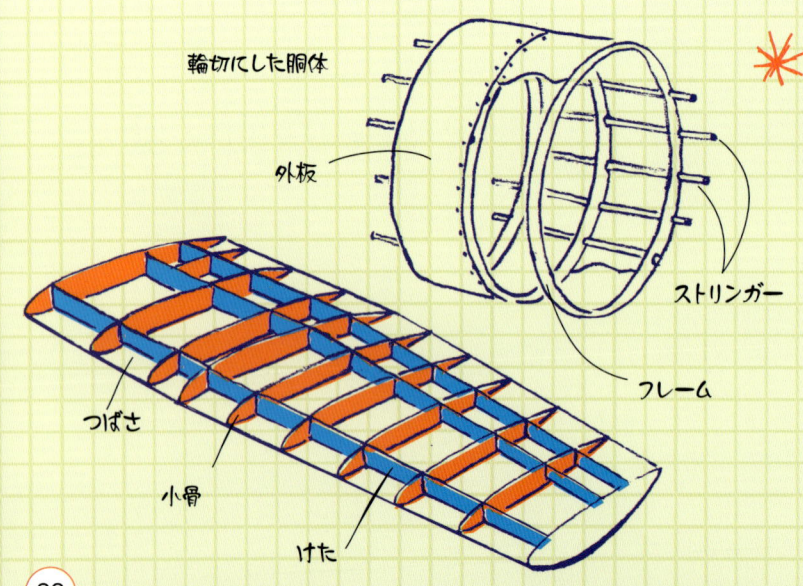

22

>>> 航空機 <<<

巨大バケツ！

ボンバルディア415はまるで爆弾のように水を落とす。消火を目的に設計された飛行機なんだ。川や湖や海の水面すれすれにまで降下して、一気に6000リットル、なんとおふろ80杯分の水をくむんだ。そして、その水をほのおの上にまいて、また水をくみにもどるんだ。

ボンバルディア415

サンダーランドは740機以上つくられた。戦後、そのうちの何機かは最高で24人の乗客を運ぶ旅客機として使われた。

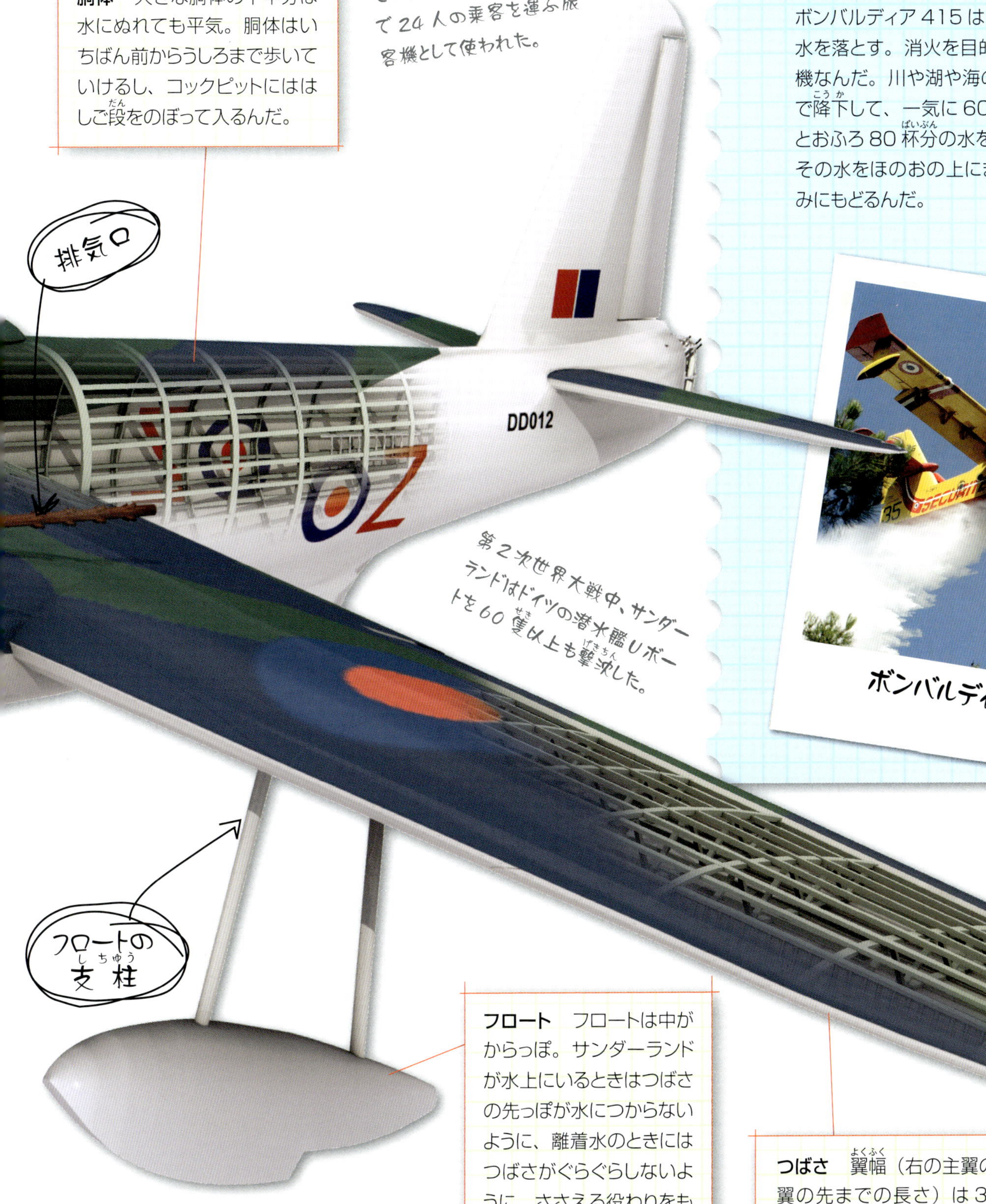

第2次世界大戦中、サンダーランドはドイツの潜水艦Uボートを60隻以上も撃沈した。

胴体 大きな胴体の下半分は水にぬれても平気。胴体はいちばん前からうしろまで歩いていけるし、コックピットにははしご段をのぼって入るんだ。

排気口

フロートの支柱

フロート フロートは中がからっぽ。サンダーランドが水上にいるときはつばさの先っぽが水につからないように、離着水のときにはつばさがぐらぐらしないように、ささえる役わりをもつ。胴体と同じように、フロートも船のような形をしているんだ。

小骨

けた

つばさ 翼幅（右の主翼の先から左の主翼の先までの長さ）は34.4メートル。この大きなつばさがあるから、サンダーランドは風にのって滑空し、燃料の消費量をおさえることができるんだ。

サンダーランドには予備の燃料タンクがあるので、15時間以上も飛んでいられる。

23

ハリアージャンプジェット

ハリアーは世界一のVTOL（ブイトール）機。垂直に離着陸できる飛行機だ。つまり、まっすぐ上に離陸して、空中で静止（ホバリング）し、またまっすぐ下におりることができるんだ。ハリアーが初めて空を飛んだのは1960年代後半。それから小さな改良を数多くくりかえし、大きな進歩を4回とげた。今も世界数カ国の空軍で活躍している。

へえ、そうなんだ！

ハリアーの原形ともいえる、あるVTOLのテスト機は、金属製の枠ぐみに2基のジェットエンジンをつんでいた。1953年、短い時間ながらホバリングに成功した。そのすがたから「空飛ぶベッド枠」ともよばれたんだ。

パイロット ハリアーのパイロットたちはいう。高速で前に進むときは、ふつうの飛行機のよう。だけど、低速飛行のときと、ホバリング中や垂直飛行のときはヘリコプターっぽいんだって。

VTOL（垂直離着陸）にはたくさんの燃料が必要だ。だから、通常ハリアーはSTOL（短距離離着陸）をおこなう。

コックピットのキャノピー

空中で給油するための燃料ノズル

機首のレーダー 強力な電波を発し、前方にある物体にぶつかってかえってきた反射波を検知する。

✸ ハリアーがホバリングする仕組み

ハリアーはロールスロイスのペガサスジェットエンジンを1基つんでいる。ふつうの飛行機ではエンジンからの排気が後方に噴出されるけれど、ハリアーではつばさの下にある4つのノズルからとぎれなく噴出されるんだ。このノズルは90度回転することができる。垂直に上昇するとき、ノズルは真下を向いている。全速で前進するときにはノズルがゆっくりと回転し、うしろへ排気を噴射する。

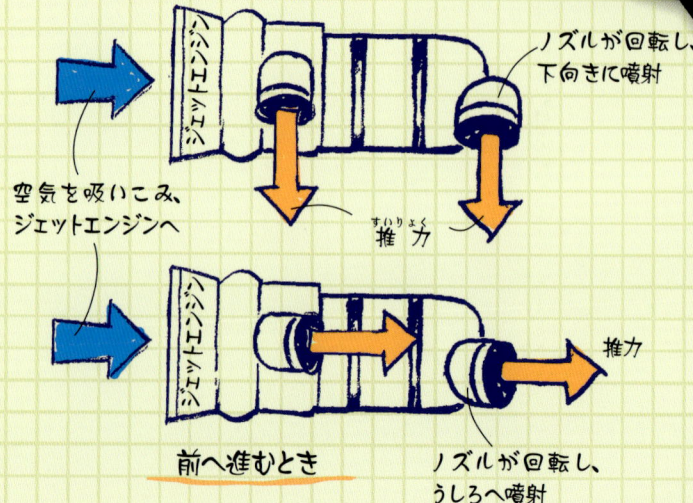

ホバリングまたは垂直飛行するとき

空気を吸いこみ、ジェットエンジンへ

ノズルが回転し、下向きに噴射

推力

前へ進むとき

ノズルが回転し、うしろへ噴射

推力

吸気 胴体の両側にそれぞれ1つずつ吸気口があり、ここから吸いこんだ空気をジェットエンジンに送りこむ。

24

>>> 航空機 <<<

それからどうなったの？
2008年9月、スイスの飛行家イブ・ロッシーがドーバー海峡をわたった。ジェットエンジン4基をつんだリュックサックのようなものをせおって飛んだんだ。最高時速は300キロメートル近く、34キロメートルの旅は10分たらずで終わったんだ。

ハリアーは大作映画にもたびたび登場している。ジェームズ・ボンド・シリーズの『007 リビング・デイライツ』（1987年）とか、アーノルド・シュワルツェネッガー主演の『トゥルーライズ』（1994年）とかね。

✳ 大いそぎの脱出

軍用機の多くに、射出座席というものがそなわっている。非常時にパイロットがレバーを引くと、コックピットのキャノピー（カバー）がふき飛び、座席の下についている小さなロケットに点火する。すると、パイロットはすわったまま、座席ごと上空にむかって、飛びだすんだ。機体にぶつからないようにね。とくに、尾翼がすぐうしろにせまっているから、あぶないんだ。それから、パイロットは座席からぬけ出し、パラシュートで安全におりてくるんだよ。

パイロットが緊急脱出。座席ごと飛びだす。

ミサイル

翼下パイロン（ミサイルをとりつける）

うしろ向きのレーダー
レーダーの受信機が尾翼についている。ハリアーのうしろ数百キロメートルにある航空機や船などを検知できるんだ。

つばさの先端にあるスラスター（機体の向きなどを調整する）

ジェット噴射ノズル ジェットエンジンの排気は、ノズルから噴出される。このノズルは回転することができるもので、左右に2つずつ、前後にならんでいる。

通常、ハリアーがホバリングできるのは90秒だけ。動いていないと空気の流れでエンジンを冷やすことができないから、ホバリングの時間が長くなると、ジェットエンジンがオーバーヒートしてしまうんだ。

つばさの下の格納庫 つばさの下にとりつけられたポッドには、ロケットやミサイルなどの武器を格納したり、飛行距離をのばすための予備の燃料を入れておいたりできる。

ロッキード C-130 ハーキュリーズ

戦場の近くには、長くてたいらな滑走路をもつ大きな空港があるとはかぎらない。滑走路がでこぼこで短いかもしれないし、畑や砂地から飛び立たなければならないかもしれないんだ。それに、とても重い貨物を運ぶという役目があるから、ハーキュリーズのような輸送機はじょうぶで、力持ちでなければならない。ちなみに、ハーキュリーズが初めて飛んだのは1954年のこと。今でも60以上の国で、何百機もが働いている。

へえ、そうなんだ！

ロシアの大型輸送機An-124ルスラン（コンドル）は着陸すると、機首の着陸装置をおりたたみ、前かがみになる。そうして、機首が地面にとどいたところで、機体先端の貨物用ドアが開く。これで、かんたんに貨物をおろすことができるというわけ。

ハーキュリーズの中でも1機だけ、ロケットミサイルをななめ下向きに、ミサイルエンジンをうしろ向きにつけたものがあった。そうすることで、まるでヘリコプターのように垂直離着陸ができたんだ！

プロペラ 初期のモデルでは、どのプロペラもブレードが3～4枚。C-130Jスーパーハーキュリーズという最新機種では、6枚になった。

フライトデッキ 通常、乗員は機長、副操縦士、航空士（ナビゲーター）、エンジンや機械系統を整備する航空機関士（フライトエンジニア）、貨物を管理する積荷管理者（ロードマスター）の5人。

今までに2200機をこえるハーキュリーズがつくられ、67カ国で活躍している。

前を向いたレーダー

着陸装置の格納

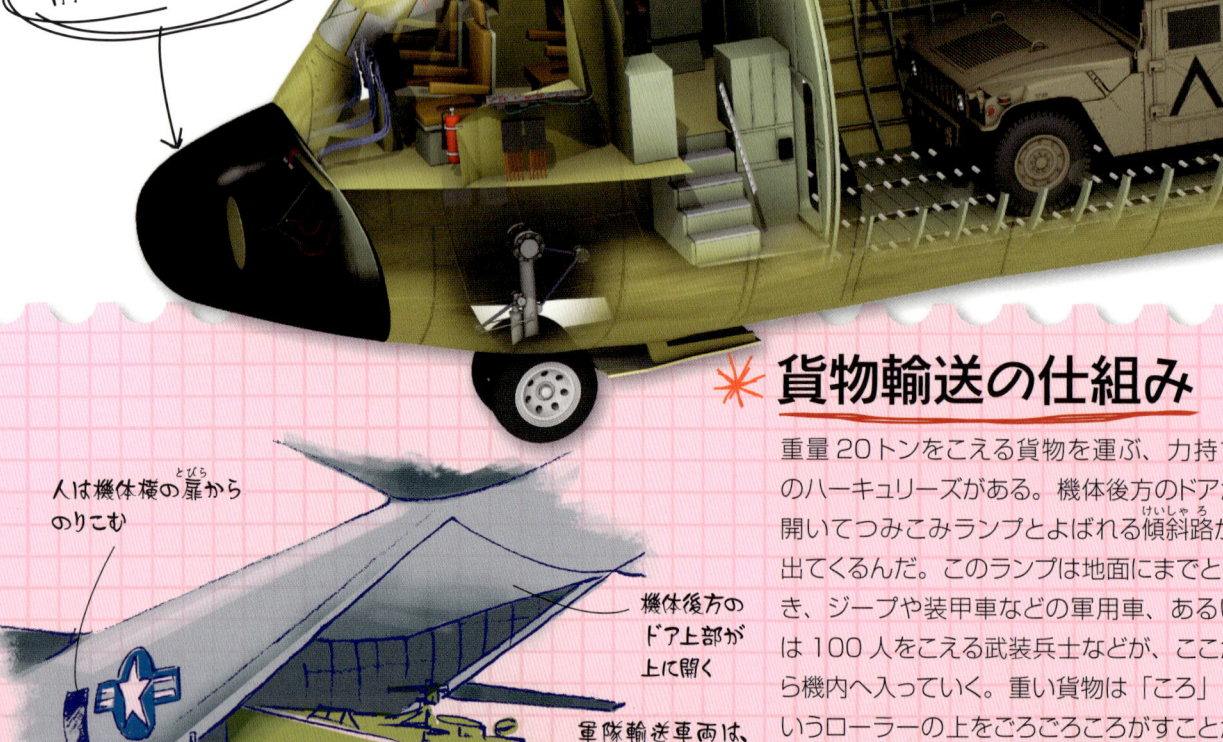

貨物輸送の仕組み

重量20トンをこえる貨物を運ぶ、力持ちのハーキュリーズがある。機体後方のドアが開いてつみこみランプとよばれる傾斜路が出てくるんだ。このランプは地面にまでとどき、ジープや装甲車などの軍用車、あるいは100人をこえる武装兵士などが、ここから機内へ入っていく。重い貨物は「ころ」というローラーの上をごろごろころがすことがある。ころが回転して楽に運ぶことができるからね。ハーキュリーズも貨物を機内に収容するときには、ころを床に設置して、ひらたいおぼんのようなパレットにのせた貨物をすべらせて運ぶんだ。

人は機体横の扉からのりこむ
機体後方のドア上部が上に開く
軍隊輸送車両は、装甲（武装）している
機体後方のドア下部がつみこみランプになる

空中で燃料の補給をするタンカー。空飛ぶ病院。空飛ぶ気象台。偵察機。捜索機に救助機。ハーキュリーズにはいろいろな顔がある。

>>> 航空機 <<<

それからどうなったの？
ふつうの車輪にくわえて、そりをつけたハーキュリーズもある。こうして、雪深いところにも着陸できるようになったんだ。

エンジン ハーキュリーズの動力源は4基のターボプロップエンジン。このエンジンは、シリンダーの中でピストンが上下するのではなく、ジェットエンジンと同じように、タービンのブレードが回転する。

高い位置の尾翼 機体後方の尾翼は、高い位置にとりつけられている。胴体後部の床が下がって、貨物つみこみランプが出てくるからね。

初めて登場してから50年以上も製造が続く航空機が4種類ある。ハーキュリーズもそのひとつ。

貨物室 大きなつばさが胴体の上の方についているのは、貨物室のたいらな床にでっぱりをつくらないため。貨物室の長さは、長い種類では17メートルもあるんだ。

砂漠で見えにくくなる色

✱ たくさんの車輪
ハーキュリーズに貨物をぎゅうぎゅうつめこむと、重さが70トンをこえる。その重量がどこかに集中しないよう、大きくて、柔軟なタイヤを装着した車輪がたくさんあるんだ。こうした車輪だと、やわらかい草地の上でも滑走できる。ハーキュリーズが運ぶのは、軍用車や武器から、災害時の緊急支援物資まで、いろいろだ。

たくさんの車輪で機体をささえる。

27

ノースロップ B-2 スピリット爆撃機

B-2スピリットは長距離を飛ぶ爆撃機であり、偵察機だ。そのすがたはとても個性的。水平尾翼も垂直尾翼もなく、胴体とよべるものすらない。主翼だけで飛んでいるように見えるすがたは、こっそり飛んでいって、敵に急襲をかけるため、探知されにくい形なんだよ。初めて飛んだのは1989年。1997年には、アメリカ空軍にくわわった。

へえ、そうなんだ!

第1次世界大戦(1914～1918年)中、発明家たちは透明飛行機をつくろうとして、布のかわりに透明なセロファンで機体をおおった。だけど、太陽の光が反射して、機体はぴかぴか光ってしまったんだって。

この先どうなるの?

いくつかの大手航空機メーカーが、いろいろな形のステルス機の実験をおこなっている。たとえば、アメリカではボーイング社のバードオブプレイ、ロシアではスホーイ社のPAK FA、中国ではJ-XXだ。

エンジンからの排気 4基のジェットエンジンから、ごうごうと大きな音をたてて熱気がふき出す。排気口がむき出しだと、敵の熱探知装置に見つかってしまう。そこで、高温になる排気は、つばさの中のダクト(管)を通して温度を下げてから排出する。

1機の値段が20億ドルもするB-2は、たったの21機しか製造されていない。

ミサイルのおとりになるフレアを発射する戦闘機。

★ すぐれものだね!

熱探知式のミサイルは赤外線(熱)センサーを搭載していて、敵のジェット機やロケット弾の噴射ガスなど、高熱を発するものを追跡できる。こうしたミサイルへの対抗策として、おとりになるフレアを発射して、機体からはなれる方向へとミサイルを誘導するんだ。

つばさの先っぽは、内向きにななめになっている

操縦翼面 B-2はエレボン(P15も見てみよう)をそなえている。エレベーターとエルロン両方の機能をあわせもっているんだ。エレボンは2枚のフラップにわかれていて、2枚が上下に開くと、空気抵抗の力をかりて、減速機の役わりをはたすんだ。

>>> 航空機 <<<

つるんとした表面 丸みをおびた機体には、ミサイルの格納庫や予備の燃料タンクなどでこぼこがない。だから、空気抵抗は小さいし、ステルス性は高いんだ。

B-2のトップスピードは時速1000キロメートルにしかならない。音速より、ずっと遅いんだ。だけど、燃料を補給しなくても1万キロメートルを飛ぶことができるんだよ。

吸気口 エンジンに空気をとりこむ吸気口は、つばさの厚みの中にかくれている。

コックピット

全翼機 とてもひらべったくて、幅が広い。そして尾翼も、胴体のふくらみもない。そんな形のB-2は遠くからだと、見つかりにくい。つばさの幅が52メートルもあるのに、機体の長さは21メートルしかないんだ。

特殊な塗装 レーダー波を吸収するように、塗装には特殊なくふうがされている。レーダー波を反射すると、探知されてしまうからね。だけど、ものすごく暑かったり寒かったりするといたみやすいので、B-2の格納庫にはいつもエアコンがかかっているんだって。

ふちには、レーダー波を吸収するテープがはられている

B-2は、空中で給油をしながら50時間もの飛行をこなすことができる。もちろん2人の乗員のために、あたたかい食事も、水洗トイレも用意されているよ。

✳ ステルスの仕組み

B-2などのステルス機は目で見つけにくいし、音も小さい。赤外線やレーダーなどでも探知されにくいんだ。上面も下面も丸みをおびていて、うしろ側はWの形になっている。これは、レーダー波を受けても、たくさんの弱いビームに分裂させるため。強い反射波をレーダー波の受信機に返すのではなく、弱いビームをいろいろな方向へはね返すわけだ。

のこぎりの歯みたいなギザギザが、レーダー波をいろんな方向にはね返す。それぞれのビームは弱すぎて、探知できない

よくあるまっすぐな形では、レーダー波がしっかりとはね返るので、探知することができる

前側もうしろ側も、ふちにはでこぼこがない

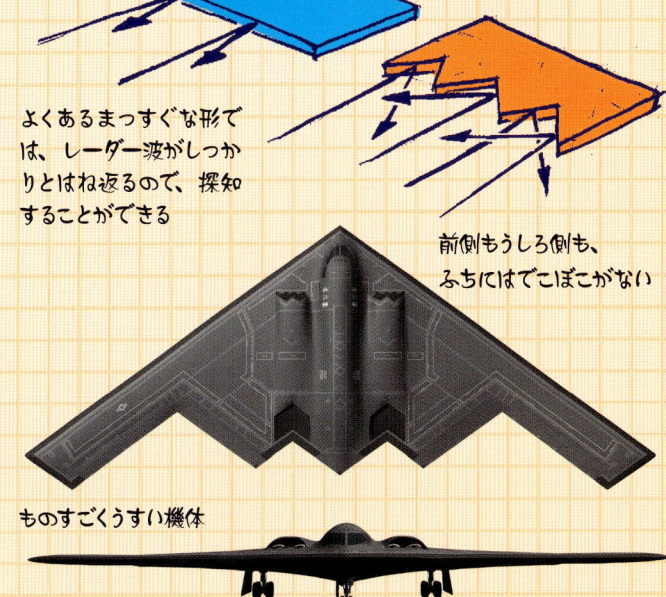

ものすごくうすい機体

エアバス A380

世界最大の旅客機、スーパージャンボのエアバス A380 が初めて登場したのは 2005 年。初めて定期便として飛んだのが 2007 年だ。A380 はダブルデッカーとしても有名。胴体のほとんどすべてが 2 階建てなんだ。だけど、本当はトリプルデッカー、つまり 3 階建てなんだよ。2 階ある客席のまだ下に貨物室があるからね。

へえ、そうなんだ！

1940 年に飛んでいたボーイング 307 ストラトライナーは、旅客機として初めての与圧キャビンをそなえていた。雷や気流の乱れなどをつきぬけた上空を飛んでいても、キャビン内の空気圧を外よりも高くすれば、キャビン内の空気はうすくならないんだ。

この先どうなるの？

エアバス社は A380 の「のびのびバージョン」を計画している。機体を 6.4 メートル長くして、お客さんを 150 人ふやす計画だ。

客室 通常どおりに 3 つのクラスを設定すれば 555 人、全席をエコノミークラスにすれば 853 人がすわることができる。

フライトデッキ 機長と副操縦士がすわる席も、操縦装置や計器類も、A340 や A320 など、他のエアバスと似たつくりになっている。こうしておけば、パイロットたちは機種がちがっても操縦しやすいよね。

乗客も荷物も燃料も満杯の A380 は重さが 560 トンにもなり、離陸には 3 キロメートル近い滑走路が必要になる。

車輪のフェアリング（おおい）

✳ フライバイワイヤーの仕組み

飛行機によっては、パイロットが使うジョイスティックのような操縦かんや、ラダーペダル、ブレーキレバーなどの操縦装置が、金属製の長いケーブルに接続しているものがある。ケーブルの反対側は、装置が動かす部品、たとえばエレベーターやエルロン、ラダーなどと直接つながっているんだ。これに対して、フライバイワイヤー機では、パイロットの操作が電気信号となってコンピューターに送信される。さらにコンピューターで処理された信号が、電気モーターや油圧ポンプなどに伝わり、部品を動かすんだ。なにか問題が発生したときにも、コンピューターがパイロットに知らせてくれるんだ。

フライバイワイヤーを採用した A380 のフライトデッキ。表示画面が 8 つある。

1969 年に初めて登場したボーイング 747 は「ジャンボジェット」とよばれた。A380 はそれよりもっと大きいので、「スーパージャンボ」の愛称がつけられた。

>>> 航空機 <<<

座席 いちばん安いエコノミークラスでも、各席に25センチのモニターがついている。映画やテレビを見たり、USBポートにコンピューターをつないだり、電源ポートでMP3プレイヤーなどを充電したりできるよ。

地面から垂直尾翼のてっぺんまでは24メートル

機体 機体をつくる部品の多くがカーボンファイバーなどの合成材。軽量だけど、すごくじょうぶな素材だよ。

下の階には538、上の階には315の客席がある。

柔軟なつばさ 強風の中では、つばさが上下に1メートル以上しなるようになっている。ちなみに、翼幅は79.8メートル。最新のジャンボジェット、ボーイング747より11メートルも長いんだ。

エアバスA380初の航路はシンガポール～シドニー間だった。そして、初めてのチケットはeBayというインターネットオークションで売られたんだよ。その価格は10万ドル（およそ1000万円）にもはね上がった。

A380の車輪はボーイング747より4本多い22本。

ファンシュラウド　エンジンパイロン

ターボファンエンジン 利用できるのはロールスロイスのトレント900かエンジンアライアンスのGP7000。どちらもターボファンエンジンで、パイロンという支柱で主翼にとりつけられる。各エンジンはシュラウドというカバーでおおわれている。シュラウドはフロントファンを保護し、エンジン全体のケースになるんだ。

✱ ターボファンの仕組み

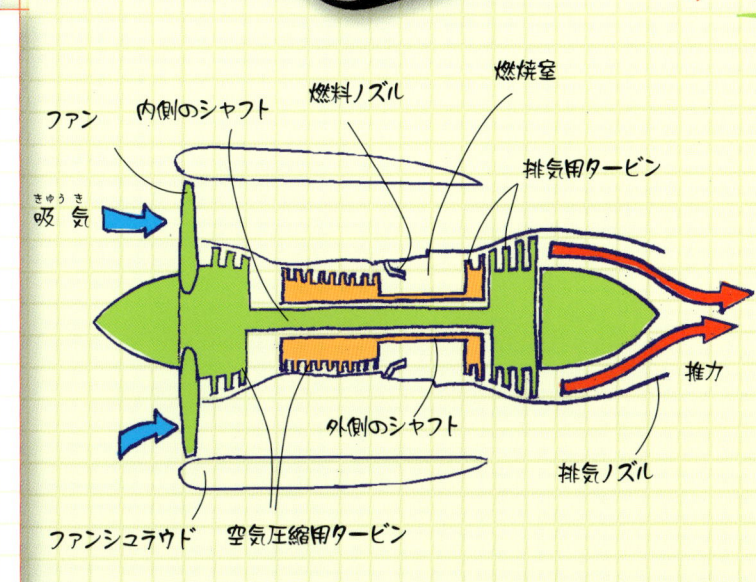

ターボファンはジェットエンジンの一種で、フロントファンとよばれる巨大なタービンを回転させるもの。フロントファンは前の方にあって、シャフトにはブレードがななめにとりつけられている。フロントファンが吸いこんだ空気を、すぐうしろにある圧縮用タービンで圧縮し、燃料とまぜ合わせる。この混合気が燃焼室で燃え、ガスが発生する。ガスは大きな音をたてながら、排気用タービンを通り、後方へと噴出する。このとき、エンジンを前へ押しだすんだ。ちなみに、排気用タービンが回転すると、圧縮用タービンも回転するんだ。そして、巨大なフロントファンは、推力を高めるプロペラのような役わりもはたすんだ。

31

F-35B ライトニング II

F-35戦闘爆撃機は、最新の技術をとり入れた航空機という意味では世界ナンバーワンのひとつ。初めて大空で爆音をひびかせたのは2006年のこと。なかでもF-35BはSTOVL機といって、短距離離陸・垂直着陸ができるんだ。コックピットのすぐうしろにあるリフトファンを使うので、離陸には短い滑走路があればだいじょうぶ。まっすぐ下に着陸もできるんだ。

へえ、そうなんだ！
垂直離着陸のためにリフトファンを初めてためしたのは、1920年代のプロペラ機。だけど、当時のピストンエンジンでは、十分なパワーがなくて、プロペラとファンの両方を動かすことはできなかった。

この先どうなるの？
F-35は、F-22ラプターや、もっと新しくて、まだ開発中のひみつ兵器「X機」と同じようなステルス技術をもっている。

ラダー

2枚の垂直尾翼 最新の戦闘機には垂直尾翼が2枚あるものが多いが、F-35Bにも2枚の垂直尾翼があり、それぞれにラダーがついている。そのため、離着艦（航空母艦とよばれる船の甲板から離着陸すること）のときなど、低速のときにも安定した操縦が可能なんだ。

全遊動式水平尾翼 機体後方の小さなつばさを水平尾翼という。その全体が動き、エレベーターの役わりをはたすから、すばやい上昇や降下、転回ができるんだ。

車輪

ターボジェット ジェットエンジンが1基。プラット＆ホイットニーのF135か、ジェネラルエレクトリックとロールスロイスが共同開発したF136のどちらかだ。

＊リフトファンの仕組み

F-35Bのリフトファンは、ななめにブレードがついていて、まるで巨大な扇風機のよう。メインエンジンの動力をうけて回転するシャフトが、リフトファンを動かす。上方から吸いこんだ空気を、高速で下に押しだすことにより、機体が上昇するんだ。リフトファンとエンジンの間にはクラッチという装置があり、リフトファンを使うときにはエンジンとつなげ、ふつうに飛ぶときにはエンジンとリフトファンを切りはなす。

メインのターボジェットエンジン / 吸気 / 回転するシャフト / リフトファンを接続したり、切りはなしたりするクラッチ / 吸気弁 / リフトファン / 排気が推力をうむ

F-35Bの初飛行は2008年6月。リフトファンがついていないF-35Aの初飛行から18カ月後だ。

>>> 航空機 <<<

ターボジェットの仕組み

ターボジェットはターボファン（P31も見てみよう）に似ている。前方から吸いこんだ空気を圧縮し、燃料とまぜ合わせて燃やし、ガスを後方へ噴出する。それで推力を得るんだね。ただし、ターボジェットには大きなフロントファンがないから、ターボファンよりもっとスピードが出るんだ。だけど、うるささと燃費の悪さもターボジェットの方が上。

センサー F-35Bの機体には、いたるところにカメラやレーザー、熱探知器などの小さなセンサーがついている。味方の飛行機から敵のミサイルまで、近くで動いているものなら何でも探知できる。

「ライトニング（いなずま）」という名前は、第2次世界大戦で活躍したロッキードのプロペラ機P-38ライトニングや、1960年代のジェット機イングリッシュエレクトリックライトニングなどの戦闘機にも使われていた。

「ライトニング」のほかにも「ケストレル（はやぶさの仲間）」や「フェニックス（不死鳥）」「ブラックマンバ（毒ヘビの一種）」といった名前が候補になっていた。

排気ガス中に残った燃料を燃焼させる アフターバーナー
排気ノズル
ロールノズル
射出座席
排気用タービン
真人中のシャフト
燃料噴射器
圧縮用タービン
燃焼室
吸気口

コックピット パイロットの前には50×20センチメートルのディスプレーがある。みんなの家のテレビと、どっちが大きいかな。操縦装置の中には、パイロットがヘッドセットのマイクにむかって指示を出せば、コンピューターが音声を認識して装置を動かす、というものもあるんだ。

リフトファン コックピットのすぐうしろにファンがある。ファンの上の吸気弁と、ファンの下の排気弁は、ファンを使う直前に全開になる。ファンを使ったあとは、高速で前進するために、弁をとじる。

機首のレーダー レーダーはとても強力。だから、地上にいるときにはパワー全開にしてはダメなんだ。電子レンジでチン！とするように、レーダーの前に立っている人が、電波でチンされるといけないからね！

プローブ

ボーイング CH-47 チヌーク

チヌークは大型の輸送用ヘリコプター。世界中の20をこえる国々で、軍用・民間用として活躍している。ローターのブレードは細長くて、ひらたく、飛行機のつばさのような形をしている。その役目もつばさと同じで、揚力をうむんだ。ただし、ローターの場合は、つばさとちがって、回転する。だから、ヘリコプターは回転翼機ともいうよ。

へえ、そうなんだ！

1939年のこと。ロシアで航空機の開発を続けていたイーゴリ・シコルスキーという人が、現在のヘリコプターの原形となる設計を完成した。シコルスキーは優秀な飛行艇も開発したんだ。

チヌークにはエンジンが2基ある。もし1基がダメになっても、もう1基がローターを2つとも動かすことができるんだ。

ローター ローターのブレードはファイバーグラス製。1秒間に4周近く回転する3枚のブレードがえがく円は、直径が18.3メートルになる。断面を見ると真ん中がふくらんでいて、この形が回転時に揚力をうみ、バタバタバタという音をたてる。この音は英語だと「チョップチョップ」と表現するんだよ。だから、ヘリコプターのことを「チョッパー」とよぶこともあるんだ。

前部ローターのヘッド ヘリコプターの機体は、前部ローターの回転方向と反対向きに回転しようとする。チヌークには前部ローターと反対方向に回転する後部ローターがあるから、機体の回転しようとする力が打ち消されて、姿勢をまっすぐにたもつことができる。だから、他のヘリコプターのような小さなテイルローターがいらないんだ。

軍用以外のチヌークは、災害救助のために人や物資を運んだり、木材の搬送や消火、調査などの活動をしている。

オートジャイロ機のローターは、気流を受けて回転し、揚力を得る。

✳ オートジャイロって何?

ヘリコプターと同じようにローターをもっている。だけど、オートジャイロの場合、動力を受けて回転するのは、プロペラだけ。つまり、ローターを回転させるのは、動力ではない。空気の流れなんだ。プロペラは揚力をうむのではなく、機体を前へ押し進める推力をうむ。そして、機体が前進することで生じる気流がローターを回転させ、揚力をうむんだ。

機首の銃

フライトデッキ 通常、チヌークの乗員は3人。機長が左、副操縦士が右にすわる。航空機関士は2人のうしろにあるコンパートメント（小さな部屋）にいるよ。

機関銃用ハッチ

この先どうなるの？

ソロトレックという個人用のヘリコプターがある。リュックのようにせおうもので、パイロットの頭の上に、輪状のケースが2つあり、その中にそれぞれローターがおさめられている。これが椅子のような形のフレームに固定されているんだ。残念ながら、ソロトレックがかんたんに手に入る日はまだまだ先！

>>> 航空機 <<<

チヌークとは、北米の北西部にふく風のこと。あたたかくて乾燥した突風で、ローターがまき起こす風のように、山の斜面にそって下向きにふきおろしてくるんだ。

キャビン 長さおよそ26メートルのキャビンは、まっすぐなつつのよう。完全武装の兵士50人以上やのり物数台、または12トンの貨物をつむことができる。ちなみに、最高速度は時速300キロメートルをこえる。

エンジン 後部ローターのねもとに左右1基ずつ、計2基のライカミング・ターボシャフトエンジンをつんでいる。ターボシャフトエンジンは、ジェットエンジンと同じく、タービンをもつ。ただし、ジェットエンジンが燃焼ガスを噴出させて推力を得るのに対して、ターボシャフトエンジンはシャフトを回転させる。

ギアボックス ギアを切りかえることによって、エンジンの回転を超高速から、ローターをまわすための低速でパワフルなものへとかえることができる。

後部の貨物つみこみランプ

ミサイルポッド

✳ ローターヘッドの仕組み

回転するローターのブレードと上側の斜板（シャフトに対して、ななめにはまっている円板）を、回転しない下側の斜板とむすびつけているのがコンロッド。パイロットが上下の斜板を上げたり下げたり、ななめの角度をかえたりすると、ローターのブレードももち上がり方やななめの角度がかわったりする。これがヘリコプターを上昇または下降させたり、ホバリングさせたり、いろんな方向へ転回させたりするわけだ。

ブレード / ローターヘッド / コンロッド / ブレードの角度 / ブレードの回転方向 / 回転するローターシャフト / 回転しない下の斜板 / 上側の斜板

用語解説

ウイングレット
つばさの先端に立っている小さな補助翼。

STOL（短距離離着陸）機
短い滑走距離で離陸したり、着陸したりできる航空機。

エルロン（補助翼）
機体の姿勢をかえる操縦翼面（動かすことができる板状の装置）のひとつ。たいていはつばさの後縁（うしろ側のふち）についていて、ロールまたはバンクとよばれる機体の動き（左右にかたむく動き）をコントロールする。

エレベーター（昇降舵）
機体の姿勢をかえる操縦翼面の1つ。たいていは水平尾翼（機体後方の小さなつばさ）にとりつけられていて、ピッチ（機首の上下方向の動き）をコントロールする。

エレボン
尾翼のない航空機で、機体の姿勢をかえる操縦翼面。エレベーターとエルロン両方の役わりをもつ。

格納式
なんらかの部品がでっぱらないように、おりたたんだり、引っこめたりすること。飛行機でいえば着陸装置など。

カナード型
小さなつばさが、大きな主翼のうしろではなく、機体の前方にある航空機の型。イギ

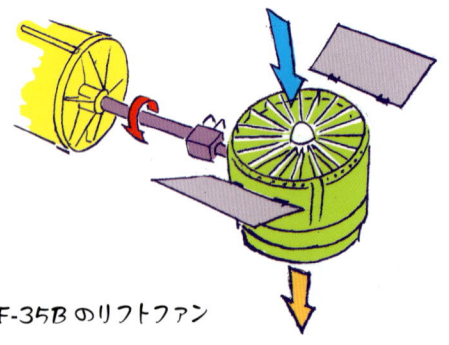

F-35Bのリフトファン

ローターヘッド

リスでは「カナード」だが、ドイツでは「エンテ」、フランスとイタリアでは「カナール」とよぶ。

球皮（エンベロープ）
気球の風船部分で、空気より軽いガスや熱気を包みこむ。

けた（スパー）
つばさの強度を上げるため、内部にとりつけられている、長くて、かたい部品。つばさのつけ根から先端を結ぶ。

ゴア
両端がとがり、真ん中がふくらんだラグビーボールのような形の布。気球の球皮を構成する。

抗力
ものが動くとき、その動きをさまたげるような空気の力。

コクーン
寝袋に似た長い袋。ハンググライダーなどのパイロットが入る。

コックピット
航空機で、パイロットがすわる操縦室。乗組員が複数いるような大型機では、フライトデッキとよぶこともある。

小骨
つばさの中にとりつけられている部品。つばさの前縁（前側のふち）から後縁（うしろ側のふち）を結ぶもので、短く、つばさの断面の形にカーブしている。

推進プロペラ
エンジンのうしろにあるプロペラで、空気を後方へ押しだすことによって、機体をうしろから押す方式。これに対して、けん引式プロペラはエンジンの前にあって、機体を引っぱる方式。

水平尾翼
水平安定板ともいう。多くの航空機で、後方についている2枚の小さなつばさ。水平尾翼にはエレベーターがついていて、垂直安定板ととなり合っている。

推力
物体を前へ押しだす力で、たとえば航空機のプロペラやジェットエンジンなどがうみだす。

ステルス技術
航空機や船などが、形や音、熱で探知されたり、レーダーで発見されたりするのをふせぐ技術。

スピナー
プロペラの回転中心の先端（ハブ）につけられたコーン型のカバー。プロペラの先端を保護すると同時に、空気抵抗を少なくする役わりがある。

星型エンジン

>>> 航空機 <<<

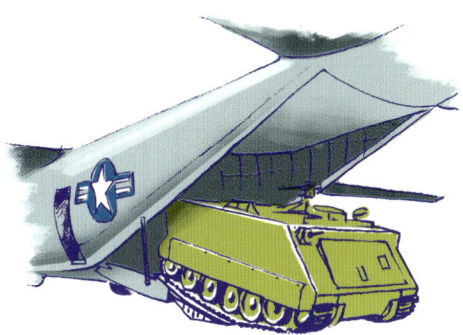
C-130 ハーキュリーズ

赤外線
目に見える光よりも波長が長い光線。熱を生じる作用がある。

ターボジェットエンジン
ブレードをもつタービンを内蔵したジェットエンジン。タービンによって、後方からガスが力強く噴射される。

ターボシャフトエンジン
ブレードをもつタービンを内蔵したジェットエンジン。ジェット噴射ではなく、シャフトを回転させることによって、動力を得る。

ターボファンエンジン
ブレードをもつタービンを内蔵したジェットエンジン。前面についている巨大なタービンは、プロペラとしての役わりももつ。

ターボプロップエンジン
ブレードをもつタービンを内蔵したジェットエンジン。このタービンは、ガスを噴射するのではなく、プロペラを回転させることによって、推力をうむ。

単葉機
主翼（大きなつばさ）が左右1枚ずつの航空機。主翼が2枚のものは複葉機、3枚のものは三葉機という。

着陸装置
飛行機やヘリコプターの車輪やスキッド（そり）、あるいは水上機のうきなど、機体をささえる装置。

バテン
木やプラスチック製の細長い骨のようなもので、ハンググライダーのつばさや、ヨットの帆など、まがりやすいものの形をしっかりたもつ。

ハブ
プロペラや車輪など、回転するものの中心にとりつけられる部品。

張り線
細い金属製のワイヤーまたはケーブルで、航空機の各部、とくにつばさなどを、しっかりと固定させるために張る。

ピッチ
航空機は上昇するときに機首を上げ、下降するときには機首を下げる。このような姿勢の変化をピッチという。または、プロペラのブレードのねじれの角度。

VTOL（垂直離着陸）機
滑走をせず、まっすぐ上に離陸し、まっすぐ下に着陸できる航空機。

フィン
多くの航空機で、機体の後方にまっすぐ立っている。垂直安定板とよばれることもあり、垂直尾翼の一部をなす。

複葉機
主翼が左右それぞれ2枚ずつある航空機のこと。通常、2枚のつばさは、上下に配置される。

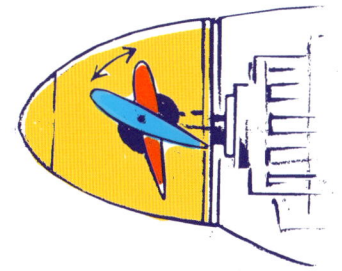
可変（調節ができる）ピッチプロペラ

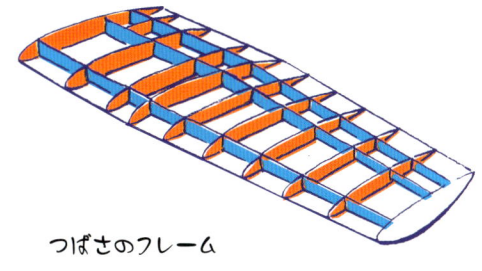
つばさのフレーム

ブレード
飛行機のプロペラやヘリコプターのローターなどの部品で、細長い板状の羽根。プロペラには6枚以上ブレードをもつものがある。

ヨー
航空機が自動車のように左右に方向をかえる動きのこと。

翼型
航空機のつばさの断面。たいていの航空機のつばさは、横から見ると下面より上面のカーブが大きい。この形によって、揚力を得ることができる。

翼幅
航空機で、片側の主翼の先端から、もう一方の主翼の先端までの長さ。

ラダー（方向舵）
航空機の操縦翼面のひとつで、通常は垂直安定板または垂直尾翼についている。ヨーをコントロールする。

レーダー
レーダーが発信した電波は物体にあたると、はね返る。レーダーは、この反射を探知し、物体の位置を知ることができる。

ロール
航空機が左右のどちらかにかたむいた姿勢のこと。

37

● 著者
スティーブ・パーカー
科学や自然史の書籍を数多く執筆・監修しており、その数は200冊をこえる。
動物学理学士の学位取得。ロンドン動物学会のシニア科学会員。

● イラストレーター
アレックス・パン
350冊以上の書籍でイラストを描いている。高度なテクニカル・アートを専門とし、各種の3Dソフトを使って細部まで描き込み、写真のように精密なイラストを作りあげている。

● 訳者
五十嵐友子
(翻訳協力：トランネット)

最先端ビジュアル百科 「モノ」の仕組み図鑑 ❻

航空機

2010年11月25日 初版1刷発行
2015年 5月20日 初版2刷発行

著者／スティーブ・パーカー　　訳者／五十嵐友子

発行者　荒井秀夫
発行所　株式会社ゆまに書房
　　　　東京都千代田区内神田 2-7-6
　　　　郵便番号　101-0047
　　　　電話　03-5296-0491（代表）

印刷・製本　株式会社シナノ
デザイン　高嶋良枝
©Miles Kelly Publishing Ltd　Printed in Japan
ISBN978-4-8433-3348-8 C8650

落丁・乱丁本はお取替えします。
定価はカバーに表示してあります。